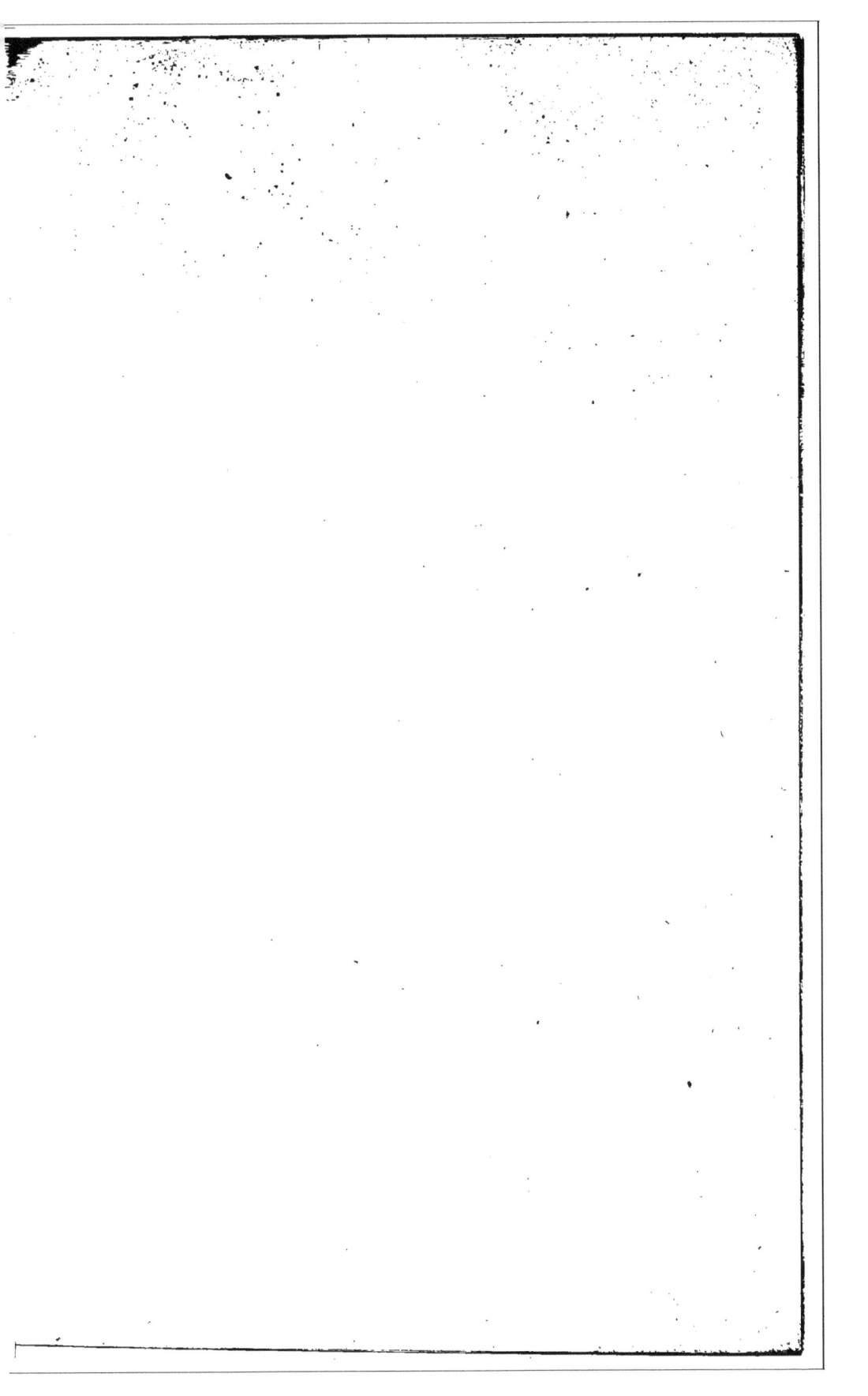

DE

L'ESPÈCE BOVINE

DANS LA GIRONDE.

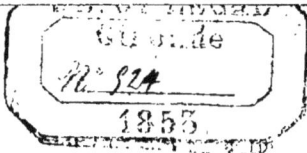

DE

L'ESPÈCE BOVINE

DANS LA GIRONDE.

MÉMOIRE

QUI A OBTENU LA 1.re MÉDAILLE D'OR AU CONCOURS
DE L'ACADÉMIE DES SCIENCES, ARTS ET BELLES-LETTRES DE BORDEAUX,
EN DÉCEMBRE 1852.

Si bene pascas (CATON).

PAR DUPONT,

Médecin-Vétérinaire de la Ville et des Épizooties;
Secrétaire-Général de la Société d'Agriculture de la Gironde.

BORDEAUX,

IMPRIMERIE DE TH. LAFARGUE, LIBRAIRE,

RUE PUITS DE BAGNE-CAP, 8.

1853.

QUESTION DU CONCOURS.

« Faire une appréciation complète de chacune des races Bovines
» de la Gironde , au point de vue des différents emplois auxquels on
» les applique et signaler les précautions qui devraient être prises ,
» les mesures même qui pourraient être adoptées par l'administration à
» l'exemple de ce qui se fait en Belgique et en Suisse , pour assurer
» la conservation des races dans toute leur pureté ou le meilleur mode
» de croisement sous le double rapport du travail et de l'engraisse-
» ment ».

AVANT-PROPOS.

QUELLES SONT LES RACES BOVINES DE LA GIRONDE ?

Pour l'Académie de Bordeaux, cette question se trouve à peu près résolue, dans un Mémoire qu'elle a publié dans ses ACTES en 1847.

L'Auteur reconnaît trois races :

1.º RACE GARONNAISE. — 3 sous-races : 1.º *Sous-race de Castillon ;* 2.º *Sous-race de Créon ;* 3.º *Sous-race de l'Entre-deux-Mers.*

2.º RACE BAZADAISE. — 2 sous-races : 1.º *Bazado-garonnaise ;* 2.º *Sous-race des Bois.*

3.º RACE DES LANDES. — 1 sous-race : *Sous-race des Charbonniers.*

Si nous avions à remplir ici la mission de critique, nous pourrions reprocher à cette division de manquer d'actualité. Il y a vingt ans, la race garonnaise des Vallées, d'où l'auteur fait dériver les sous-races, existait avec ses caractères tranchés de taille et de conformation. La race des coteaux présentait, avec elle, des différences sensibles ; il n'en est plus de même aujourd'hui. La race garonnaise s'est métamorphosée. Elle possède, à peu près, partout une grande ressemblance : son origine est une, identique, commune. Il y aurait de grandes difficultés à la diviser et à la subdiviser ; on pourrait presque défier l'auteur du mémoire, dans l'application de son œuvre.

Il en est de même pour les sous-races bazadaises. Certainement, le bœuf auquel s'applique la dénomination de *Bazado-Garonnais*, existe; mais, il ne constitue point, une sous-race : c'est un simple croisement. La preuve, c'est que ses caractères spéciaux, s'altèrent par voie de génération et n'ont point la constance reconnue aux races et aux sous-races. Une autre preuve, c'est « qu'il » est le produit d'un métissage susceptible, dans des » circonstances données, de laisser apparaître (1) davan- » tage le sang de l'un de ses parents » (p. 23, *Description des Races*, etc., 1847).

Nous pourrions reproduire nos observations à l'occasion de la race des landes. Et, si les subdivisions du mémoire cité prévalaient dans les travaux que doit inspirer l'étude des races bovines du département, nous signalons dors et déjà, quelques oublis importants dans les sous-races des bords de la Dordogne.

Admettant cette hypothèse, comme chose jugée, il faudrait donc, pour résoudre la question académique au concours, examiner en détail, chaque race et sous-race et traiter ce vaste sujet, avec les répétitions, les longueurs et la confusion qu'il comporte. Le respect pour la vérité pourrait nous rendre timides...; mais nous refuserions de l'aborder, s'il devait avoir pour résultat, de contribuer à fixer l'opinion d'un Corps savant, sur une division scholastique et peu exacte.

Loin de notre esprit, la pensée d'improuver le jugement flatteur, dont le mémoire de 1847, fut l'objet de la part de l'Académie. Jusques à cette publication, les littérateurs agricoles, moins l'honorable M. Petit-Lafitte, avaient gardé le silence sur les races bovines de la Gironde. L'auteur les a tirées de l'oubli et mises en relief : l'Académie et le lauréat ont donc bien mérité du pays.

L'Académie acquiert de nouveaux droits aujourd'hui à la reconnaissance des agriculteurs de la Gironde en stimulant des travaux, qui peuvent éclairer une des faces les plus intéressantes de nos industries animales.

_____

(1) Extrait du recueil des *Actes de l'Académie de Bordeaux*. (Mémoire couronné. DUPONT, médecin-vétérinaire).

—

PREMIÈRE PARTIE.

On reconnaît à la Gironde plusieurs races bovines :

1.º La Race Bazadaise ;
2.º La Race Garonnaise ;
3.º La Race des Landes ;
4.º La Race laitière.

Nous allons successivement examiner ces différentes races au point de vue de la lettre du concours.

§ I.

RACE BAZADAISE.

Il existe presqu'à l'extrémité Sud de notre département, entre les routes de Casteljaloux et d'Auros, un coin de terre de nature argilo-calcaire et marneuse ; une forme de triangle, ayant le territoire de Bazas pour sommet, ceux de Grignols et d'Auros pour base ; sur lequel vit et se propage avec une constance séculaire et une vitalité prodigieuse, l'un des plus précieux animaux de l'agriculture française : *le Bœuf bazadais.*

C'est sur cette surface de quelques kilomètres carrés, siége d'une dizaine de communes, que l'on trouve le berceau de la belle race à laquelle l'arrondissement de Bazas a donné son nom. C'est de là qu'elle a rayonné dans tout le département et dans les départements voisins.

Elle possède une physionomie à part dans l'espèce. Qu'on l'examine dans les étables privilégiées où elle se reproduit avec ses plus beaux caractères ; dans les communes pauvres où son éducation a souffert d'une pénurie alimentaire ; on retrouve toujours en elle certaines qualités ; un cachet spécial qui la distingue de toutes les races connues.

Nous croyons indispensable d'énumérer les caractères spéciaux de cette race, parce que tous les auteurs l'ont fait incomplètement.

Caractères spéciaux. Couleur générale charbonnée, grisonnant vers les parties postérieures ; noire à la tête, gros toupet noir ; auréole couleur de chair autour des yeux, cils gris argentés ; pourtour des narines, ars, sternum, jaune foncé. Corps ramassé, ras de terre ; tête haute, carrée ; œil noir, saillant, ouvert ; encolure longue, forte ; poitrine profonde, épaules inclinées en avant ; reins droits, larges, courts ; articulations puissantes. Ajoutez à ce portrait, l'expression physionomique la plus éloquente de la force physique : tel est le bœuf bazadais dans les différentes conditions de sol, de travail, de régime, dans lesquelles il se trouve sur sa terre natale.

M. Dampierre, trompé par une ressemblance éloignée de la couleur générale, a cherché à lui donner une sorte de parenté avec la race schwits ou d'Aubrac. Cette assertion n'est nullement fondée.

Aptitude.— Emploi.— Le bœuf bazadais est, par dessus et avant tout, un bœuf de travail. N'importe la tâche imposée, labour, transport ; il l'accomplit. Terre forte ou légère ; voie douce ou ferrée, il déchire les unes et parcourt les autres sans effort. Quels que soient l'heure, la saison, les lieux, la distance, ce noble animal ne se dément jamais. L'abondance ou la misère n'exercent leur influence que sur son état général. Les saisons n'ont pas de rigueur pour lui. La nature le dota d'une vitalité et d'une énergie qui ont résisté à toutes les influences contraires du sol sur lequel il devait vivre; à l'incurie et à l'inertie du maître qui devait lui commander; rien n'égale sa sobriété et sa force organique. On peut, sans hésitation, le placer à la tête de l'espèce comme travailleur et dire de lui, qu'il est la machine agricole par excellence. Condamné, sur une terre primitivement ingrate, aux travaux les plus pénibles, il a vaincu le sol et contribué, plus qu'on ne le pense peut-être, aux diverses transformations que cet arrondissement a subies. C'est à cette race robuste et infatigable, que le bazadais doit en partie les progrès de son agriculture, ses relations commerciales si fécondes et l'avenir de quelques industries plus fécondes encore.

Aujourd'hui, dans toutes les communes où l'agriculture est florissante, l'hygiène et l'alimentation du bœuf bazadais y sont l'objet d'une sollicitude particulière. Les gages des valets sont subordonnés à leur réputation comme soigneurs de bétail. Entrez chez un paysan de Saint-Côme, de Transitz, de Cudos, de Saint-Hippolyte; la propreté, l'ordre, le confortable sont à l'étable. Si vous avez constaté quelque tristesse, quelque agitation dans la famille, c'est que l'un des habitants de l'étable est malade : dans de pareils moments, l'amour pour l'attelage éclate et déborde.

Dans les domaines riches du pays, les bœufs bazadais sont plus spécialement affectés aux travaux de l'agriculture. Ailleurs, dans les communes où les ressources fourragères sont moins abondantes, où la race a moins de valeur vénale, ils sont employés au roulage éloigné. On rencontre chaque jour, sur la route de Mont-de-Marsan et Dax jusqu'à Langon, de nombreux attelages bazadais, traînant sur de lourdes charrettes à deux roues, des charges énormes de tous les produits des landes. La manière vicieuse dont ces bons animaux sont attelés, avec un joug long à l'extrémité d'un timon qui les éloigne beaucoup du corps de la charrette, augmente considérablement la résistance du poids à traîner. Ce genre de roulage constitue, dans le Bazadais, une industrie qui a ses bons et mauvais côtés. Si le roulier réalise quelques bénéfices dans ces excursions lointaines, il néglige aussi la culture des champs et contracte des habitudes de bien-être et de dépenses, dont sont toujours victimes, les familles qui végètent au foyer.

La race bazadaise possède un défaut originel, qui rend son éducation difficile et son emploi dangereux, les premières années de sa vie, soit dans le roulage, soit dans les labours. Le bouvier du pays, le caractérise, en disant que le bœuf est *oiseleur*. Cela veut dire pour lui, qu'il est peureux ; parce qu'il s'effraie du vol de l'oiseau, du frémissement de la feuille, de l'ombre qui passe. Au moindre bruit étranger, il bondit de côté et cherche à échapper à la main qui le guide. Dans le labour des vignes, ce vice est capital et fait proscrire l'animal qui en est frappé. Dans toutes les conditions, il peut entraîner un préjudice plus ou moins grand.

On a cherché à préciser les causes de ce défaut. Les uns l'ont attribué à une mauvaise vue, au caractère natif de l'animal ; d'autres à l'éducation, aux habitudes contractées sous le ventre de la mère. Nous sommes disposés à partager cette opinion. Le jeune bétail en est plus particulièrement affecté. Les usages adoptés pour l'élève dans certaines localités, influent beaucoup sur son développement. Le tempérament, la vivacité, l'énergie de l'animal font le reste. De bons principes au travail, les relations beinveillantes de l'homme, les corrections opportunes, le temps, l'usage, modifient considérablement cette disposition. A part cela, la race possède des qualités précieuses et rares ; le fonds, la vitesse, la résistance organique, la santé, la longévité, une très-grande puissance de reproduction. J'ai vu les races d'Angleterre, d'Allemagne, de Belgique, de la Suisse ; toutes les races françaises me sont connues ; aucune d'elles n'est comparable à la race de Bazas, bien dressée, pour quelque nature que ce soit de travail. En général d'ailleurs, toutes nos races françaises sont aussi supérieures aux races étrangères, sous le rapport du travail, que les races anglaises le sont sous le rapport de l'engraissement précoce.

Cette supériorité de la race qui nous occupe, n'est point arrivée cependant à son dernier apogée. La taille, la distinction, le développement précoce ne sont point partout son apanage. Dans les centres privilégiés, où l'on trouve les types de la race, on attribue ce résultat à l'influence du sol, des ressources agricoles et du perfectionnement des cultures, qui permettent de nourrir plus copieusement. Cela peut être juste dans une certaine limite. Il serait erronné d'ériger en principe absolu une pareille doctrine. L'observation démontre en effet, que l'homme intelligent, habile, soigneux, peut remplacer dans l'éducation animale, quelques-uns des avantages du sol et arriver à des résultats, qu'on n'atteint pas communément, dans des terres relativement beaucoup plus fertiles. Il ne faudrait donc pas décourager les efforts des éleveurs, dont la situation géologique n'est pas très-propice. Dans le Bazadais, les exemples pullulent en faveur du mot de Jacques Bugeaud : *Tant vaut l'homme, tant vaut la bête, tant vaut la terre.*

Le perfectionnement de la race qui nous occupe, n'est nulle part impossible dans l'arrondissement de Bazas. Par les progrès obtenus et les réformes agricoles accomplies dans ce pays depuis 25 ans, on peut très-bien augurer de l'avenir. Notre zélé Professeur d'agriculture n'aura point été étranger à ce grand travail de transformation. Il n'est pas de si petite commune, où les bons principes qu'il professe, ne soient plus ou moins appliqués : l'emploi de la chaux, du plâtre, de la marne ; le terrage, l'extension des prairies artificielles, du farouche, du trèfle de Hollande et la culture des racines ; les défrichements profonds avec enlèvement d'alios ; les assainissements, les irrigations, les charrues perfectionnées, les assolements réguliers, sont des pratiques connues et communes dans le Bazadais. La création et le fonctionnement d'un comice agricole, dus aux efforts du savant Professeur, vont compléter l'œuvre. Et, c'est dans la contrée, où chacun de nous a vu régner en souverain, le crétinisme routinier des vieux *Landusquets*, que tous ces progrès frappent le plus l'esprit et les yeux !

Ce défaut de taille, l'absence de distinction, le développement tardif, se remarquent exclusivement dans les communes pauvres en fourrages et en pacages. Ici, l'élève ne reçoit jamais aucune nourriture à l'étable jusqu'à l'âge où il peut porter le joug. La mère qui l'allaite, n'a pour suffire à ses besoins que le maigre communal, sur lequel végètent, quand ils ne succombent pas à la misère, tous les animaux de plusieurs communes. Dans les contrées de l'arrondissement où les habitudes des agriculteurs et les conditions du sol sont propices à l'élève, les bonnes mères sont très-estimées et soignées avec leurs produits. Pour elles, on choisit le taureau le mieux racé du pays. La tradition locale conserve et assigne à chaque étable, la place qu'elle doit occuper pour la supériorité et l'ancienneté de la race. L'agriculteur bazadais, orgueilleux de son troupeau, consulte plus ce dernier caractère et la tradition, pour le choix d'un reproducteur, que la beauté ou la régularité des formes. Il pratique en général, avec une sévérité outrée, le système de sélection dans la famille, système auquel il faut rapporter, d'ailleurs, tous les progrès obtenus jusqu'à ce jour, dans l'amélioration et la conservation de toutes nos races.

Les meilleurs éleveurs méritent cependant dans le Bazadais, un reproche sérieux. Les mâles qu'ils emploient à la reproduction, sont en général, livrés de trop bonne heure, à la saillie. Ils commencent souvent, avant l'âge de 10 mois. Il résulte de cette précocité, de très-graves inconvénients pour le jeune reproducteur et de plus graves encore, pour sa génération. En principe, il faut prendre de préférence pour la production des bêtes vouées au travail, des taureaux adultes, ayant atteint au moins l'âge de 12 à 15 mois. Cela est d'autant plus important pour la race bazadaise, que son développement est tardif et laisse, dans quelques communes, beaucoup à souhaiter. Le taureau dont on a abusé de bonne heure, reste toujours plus petit; son train postérieur demeure grêle et évidé; la ligne dorsale s'abaisse aux reins; l'ensemble manque de proportions : ce qui constitue des vices capitaux chez un reproducteur.

A l'abus prématuré, dont l'influence sur la conception est immense, vient s'ajouter presque toujours, l'usage trop prolongé de l'étalon.

Les éleveurs du Bazadais, méconnaissent l'action fatale qu'exerce sur le moral de ses enfants, dans la spécialité du travail, le vieux taureau bazadais devenu méchant, dangereux, indomptable. Il doit être reformé toujours à quatre ans, si l'on tient à préserver sa famille, des vices de caractère qu'il possédera plus tard ou qu'il possède déjà.

Les vaches, quoique beaucoup plus petites en général, que les bœufs, mais très-bien conformées, sont employées aux travaux de l'agriculture et s'en acquittent parfaitement. Quand elles sont arrivées à l'âge de huit à dix ans, elles sont vendues pour le pacage et destinées à la boucherie.

La race bazadaise n'est point tout-à-fait dénuée de la faculté de prendre, sous l'empire d'un bon régime, le fini de l'engraissement. Nous voyons très-souvent, sur le marché de Bordeaux, des bœufs de Bazas, auxquels, il faudrait bien peu de soins pour les amener au dernier degré de cet état de graisse qu'aiment tant les Anglais. Nous avons admiré l'année dernière, au concours des bœufs gras, à Bordeaux, une bande de six bœufs bazadais (5, 6 et 7 ans) qui ont remporté le prix affecté « à une bande de bœufs, n'importe la race, joi-» gnant au fini de l'engraissement, la conformation la plus » favorable au travail ».

Nous avons acquis la certitude que nos bouchers n'avaient aucune répugnance à acheter les produits de cette race, et que la viande qu'ils fournissaient, n'avait, qu'exceptionnelle-ment, la couleur jaune et le goût peu agréable qu'on lui a re-proché (1). Les bœufs et les vaches de Bazas se vendent le même prix que ceux des autres races qui fréquentent le mar-ché de Bordeaux. Dans les premiers arrêtés ministériels sur les concours de boucherie dont notre ville fut dotée en 1848, la race bazadaise avait été oubliée. M. Petit-Lafitte et la Société d'Agriculture de la Gironde présentèrent des récla-mations qui furent favorablement accueillies. Depuis, la race bazadaise a figuré très-honorablement chaque année, dans ce concours et elle a prouvé que la faculté du travail agricole qu'elle possède à un si haut degré, n'était pas exclusive et qu'elle pouvait s'allier à une certaine aptitude pour l'engrais-sement.

§ II.

RACE GARONNAISE.

La race Garonnaise, une, indivise, dont le berceau se re-trouve aujourd'hui, dans les riches vallées qui bordent nos fleuves, dans les plantureux coteaux qui les dominent, est l'une des plus belles races bovines connues.

(1) P. 22; *Mémoire sur les races Bovines*. 1847. ACTES DE L'ACADÉMIE.

Comme toutes celles venues sur des terres susceptibles de grandes améliorations, d'assainissements, de cultures nouvelles, elle devait progressivement ressentir toutes les influences attachées à l'accomplissement de ces grandes réformes. Elle a depuis un demi siècle, subi des métamorphoses rapides et presque complètes dans quelques localités ; plus lentes ailleurs, sensibles partout : si bien que, lorsqu'on a voulu chercher naguère, la race primitive des vallées, dont la réputation nous est venue d'Angleterre, il a été impossible de la retrouver et de la reconnaître.

La race des Vallées, en effet, ressemble peu de nos jours, à l'ancien type garonnais, que les étrangers admiraient jadis, sur les quais de Bordeaux. Elle a successivement perdu sa taille éléphantique, ses aplombs vicieux, sa conformation défectueuse, le tempérament lymphatique et susceptible qui la rendait mauvaise au travail, molle et fatalement soumise à l'influence si variée de nos saisons. Elle possède presque partout, dans les vallées assainies et cultivées, dans les palus et les marais desséchés et irrigués, dans les plaines et les coteaux, à peu près les mêmes caractères, les mêmes aptitudes, les mêmes qualités. Il ne s'ensuit pas, cependant, que tous les individus de la population bovine de la Gironde, soient calqués sur un seul et même modèle. Une grande variété se trahit, au contraire, aux yeux de l'observateur. Dans la petite ferme, dans la moyenne propriété, dans les grands domaines, la physionomie des étables présente de nombreuses nuances. La race n'y peut rien. Sous la chaumière du pauvre, dans le parc du riche, les différences constatées s'expliquent. Dans les positions intermédiaires, si l'on veut analyser avec soin ce qui est pratiqué, les éléments qui existent, on arrive à juger aussi et à apprécier avec justesse la diversité des résultats obtenus.

Le choix des reproducteurs, mâles et femelles, le bon régime, une nourriture appropriée à la force ou au développement des individus, des alliances raisonnées, agissent sans cesse dans le sens du perfectionnement de la race. Hors de là, le chaos, la confusion, les insuccès, les mécomptes.

Les conditions qui compromettent et retardent le plus l'amélioration des races, sont, l'absence de sollicitude et la pénurie de moyens alimentaires ; les croisements avec des races étrangères dont le sang convient peu à la race locale ; les erreurs d'appréciation quant aux exigences de la race et quant aux ressources dont on peut disposer pour son entretien. Toutes ces causes si nuisibles à l'élevage, subsistent et exercent leur funeste influence dans la Gironde, depuis qu'il y a des éleveurs.

On peut donc trouver dans la race garonnaise, une foule de variétés, de nuances, qu'un littérateur ingénieux pourra transformer en sous-races ou races ; mais qui ne seront jamais, pour le praticien, que le résultat éphémère, passager, de conditions vicieuses, que la sagesse, la raison et l'intérêt de l'homme tendent chaque jour à modifier et à faire disparaître.

Caractères spéciaux. — Taille avantageuse ; 1 mètre 45 à 1ᵐ 55. Robe rouge ou froment, tête carrée ; bien attachée ; encolure courte, forte ; garrot éminent ; ligne dorsale droite ; reins larges, courts ; croupe longue, légèrement inclinée ; fortement musclée ; queue élevée à la base, très-longue, soyeuse à l'extrémité ; articulations fortes ; aplombs parfaits ; le corps très-régulier, carré.

Les arrondissements de la Réole, une partie de ceux de Libourne et de Bordeaux, possèdent les plus beaux types de la race garonnaise. Les cantons de Sainte-Foy, de Monségur, de Pellegrue, de Hure, de Pujols, de Sauveterre, de Castillon ont obtenu, dans l'élevage de cette race, une supériorité marquée. Tout a concouru dans ces cantons, au succès obtenu : progrès agricoles, cultures perfectionnées, sollicitude constante, choix des reproducteurs et des mères surtout ; éducation intelligente du produit; hygiène bien entendue; stabulation, régime soutenu et sain. Aussi, à une taille élevée et aux lignes accusées des races perfectionnées, à une très-grande régularité de formes, trouve-t-on allié, dans le bœuf de ces contrées, la peau fine, souple; le système osseux grêle mais compact; l'encolure un peu plus légère, la tête moins forte, la physionomie plus expressive et le développement général plus précoce. Il est très-commun dans ces contrées privilégiées de la production bovine, de voir de jeunes attelages, au cornage à peine apparent, rendre, à deux ans, des services précieux; posséder, à trois ans, toute leur valeur commerciale sous le rapport du travail et avoir acquis, à peu près, tout leur développement normal. On y trouve aussi, fréquemment, des animaux d'une grande beauté, travaillant sans relâche, à des labours difficiles, à des charrois pénibles et jouissant d'un embonpoint, qui permettrait de les vendre très-avantageusement pour la boucherie.

Dans la vallée inférieure de la Dordogne, depuis l'extrême limite du canton de Brannes jusqu'à l'embouchure de la Gironde, la race présente quelques nuances. L'élève grandit rapidement dans le jeune âge; il demeure grêle et découru jusqu'à trois ans. Mou, délicat, lymphatique, possédant néanmoins avec une taille avantageuse, de jolies formes et une bonne membrure, il jouit d'une mauvaise renommée, comme bête de peine. La contrée élève beaucoup pour la boucherie. Les veaux échappés au couteau sont vendus, à deux ou trois ans, dans les foires de l'arrondissement. Ils pèchent par le manque de fonds et de résistance. Exigeants pour la nourriture, ils dépérissent bientôt sous l'influence du travail, s'ils ne sont l'objet d'une sollicitude soutenue. Les engraisseurs du Périgord, les achètent après les travaux de l'hiver pour le pacage. Ils les revendent, sur les marchés de Bordeaux, à la boucherie, à la fin du mois de Mai, en moyen état d'embonpoint.

Dans quelques parties de l'arrondissement de Libourne, la race présente une certaine ressemblance extérieure avec le bœuf du Périgord, descendant de la race limousine. Cette ressemblance, résultat de quelques alliances entre ces deux familles, ne constitue pas une physionomie distinctive. Elle disparaît par la génération. On peut en dire autant du croisement avec la race de Saintonge dans l'arrondissement de Blaye. Le département de la Charente et de la Charente-Inférieure fournissent une assez grande quantité de bêtes à cornes, aux propriétaires de cet arrondissement. Mais les influences géologiques et les croisements avec le taureau garonnais, ont ramené à des caractères à peu près uniformes, la variété métissée. Aujourd'hui, la supériorité du sang garonnais n'es tcontestée par aucun éleveur : c'est l'alliance qu'ils préfèrent et qui produit le mieux.

Dans les cantons de Saint-Macaire, de Targon et de Créon, jusqu'au Carbon-blanc, la race a moins de taille, des nuances de rôbe plus variées, le tissu osseux plus fort, les formes carrées, beaucoup d'ensemble, une grande résistance aux travaux agricoles et un tempérament énergique. Le bœuf manque de distinction. Les vaches, généralement très-belles sont employées aux travaux de la propriété.

Dans le Médoc, compreuant l'arrondissement de Lesparre et une partie de celui de Bordeaux, la population bovine présente une grande variété. Les attelages de travail ont quelque analogie avec l'ancienne race garonnaise, sous le rapport de la taille et des aptitudes. Mais la nouvelle génération s'éloigne complètement de ce type. Depuis quelques années, l'éducation du bœuf de travail a beaucoup préoccupé les propriétaires de cette contrée. De nombreuses importations de vaches garonnaises ont été faites. Les marais ont été desséchés, les palus assainies, les pacages améliorés. Les jeunes élèves, protégés par une demi stabulation et une nourriture convenable, ont grandi et se sont développés à l'abri des miasmes paludéens et des circonstances atmosphériques qui les décimaient autrefois. Dans quelques années, la race du Médoc sera complètement améliorée et présentera l'homogénéité et les qualités de la race garonnaise.

Aptitudes. — Emplois.— Le travail agricole est le but principal de l'élève des races bovines dans le département. Aucun animal n'est plus docile que le bœuf garonnais ; aucun ne se prête plus complètement à l'éducation de l'homme. Attelé communément à deux ans, exercé d'abord à des charrois légers, il ne tarde pas à devenir un agent agricole précieux. Moins vite au labour, que le bœuf bazadais, il lui est toujours préféré, hors l'arrondissement de Bazas, pour les travaux des vignes et les cultures, qui exigent que les couches de la terre soient profondément remuées. Le laboureur exercé, pratique, explique la préférence qu'il accorde au bœuf garonnais pour les labours profonds, par la faculté, que la marche calme de l'attelage lui laisse pour égaliser les sillons et la couche de terre arable ; pour éviter l'obstacle imprévu et souterrain qui briserait son instrument et occasionnerait une courbature, à lui et à ses animaux. Avec l'attelage des garonnais, le bouvier peut être tout entier, au travail qu'il accomplit. Il dirige l'instrument, apprécie sa marche et commande. Si, comme dans les vignes, il faut ménager et conserver à tout prix les organes qui portent les sucs nourriciers à la plante, l'attelage, au premier sentiment de l'obstacle, qui n'est pas le sol lui-même, ralentit sa marche spontanément et donne à son conducteur, le temps de dégager l'instrument et de sauver des racines précieuses. Cette intelligence, ou plutôt le perfectionnement de son éducation, font dire aux ouvriers habitués à sa conduite, que le bœuf garonnais travaille mieux la vigne que l'homme lui-même ; qu'il a l'instinct suprême du métier.

Cette habileté n'a pas coûté, cependant, autant d'efforts,

que pourrait le faire supposer la manière d'être de ce bœuf au travail. Dans les cantons que nous avons cités, où l'élève a acquis cette beauté d'ensemble qui le place si haut dans l'estime et l'amour des éleveurs, on le prépare au joug et au trait avec précaution. Il est exercé ainsi, aux charrois jusqu'à trois ans. A cet âge, la nature des épreuves change. La force et le développement que l'attelage a acquis ; son aptitude bien constatée, ses dispositions et sa docilité à la voix de l'homme, le font employer alternativement aux labours, aux hersages, à tous les travaux de culture.

Dans les principaux domaines de la Réole, de Sauveterre, de Castillon, de Pujols, c'est à l'attelage vieilli (5 et 6 ans), que revient la gloire des labours. Ce n'est point, tel ou tel valet, qui a si bien accompli sans tâche ni lacune, les labours des céréales ou des vignes ; ce n'est point lui, qui a si régulièrement contourné les bandes de terre, si bien aligné le sillon ; c'est son vieil attelage. Aussi, l'homme et le bœuf vivent dans une intimité constante. J'ai éprouvé souvent une sensation intime de joie, de bien-être, en voyant dans le travail des champs, ces deux volontés, ces deux puissances du laboureur et de l'attelage, descendre ou monter au même niveau, pour se comprendre, s'entr'aider et s'aimer ! Je ne puis vaincre ni surmonter encore, l'émotion qui me saisit, en entendant, dans la majestueuse solitude de nos campagnes, ce dialogue à trois, dans lequel le bouvier caresse, réprimande, conseille, stimule l'un ou l'autre de ses bœufs ; dans lequel il leur fait ses confidences de culture ou de vie intime ; les associe à toutes ses observations sur le temps, les lieux, les saisons. Et tout cela est dit de si bonne foi, avec tant de bonhomie et de naïve simplicité, qu'il vous vient naturellement à la pensée, que tous les êtres animés sont doués d'intelligence, éprouvent les mêmes besoins, les mêmes sentiments, qui aboutissent, en dernier ressort, à l'amour et au respect infini pour le Créateur.

Et que l'on ne s'imagine pas que l'attelage demeure indifférent à toutes les manifestations de son maître. Voyez plutôt. Le laboureur chante ? — Pourquoi chante-t-il ? — Pour donner du courage à son attelage fatigué ! — Que chante-t-il ? La douce complainte du laboureur ; l'espoir de la récolte prochaine dont l'attelage aura la meilleure part : Poésie, mélangée de tendres appels, d'excitations familières, de doux reproches, jusqu'à ce que l'attelage marche enfin, au gré du manœuvre.

La nature du travail auquel on soumet le bœuf dans les différentes contrées, lui imprime une physionomie qui pourrait égarer dans l'appréciation de son origine, de sa valeur ou des soins dont il est l'objet dans quelques domaines. Ainsi, les transports de terre, des engrais, des amendements, les labours d'hiver, constituent du mois de Septembre au mois de Mai, une constance de travaux pénibles et fatiguants. Les attelages perdent le lustré de la peau ; la tête se dénude au pourtour des cornes ; l'aiguillon trace son cachet sur les flancs et les côtes ; leur démarche est lourde, plus lente ; leurs formes tiraillées et presqu'amaigries. Le mois de Mai venu, le pacage du printemps, le farouche, les fourrages verts, vont métamorphoser les habitants de l'étable. Ils dépouillent leur fourrure d'hiver ; le poil redevient lisse, brillant ; la peau souple ; les formes s'arrondissent : on reconnaît de nouveau la belle race garonnaise.

C'est aussi l'époque, où les foires présentent l'aspect le plus brillant, et où la mercuriale du bétail est la moins élevée. Les marchés de Pujols, de Castillon, de Sainte-Foy, de La Réole sont très-animés. Les engraisseurs du Périgord, de la Saintonge, du Lot, les fréquentent et y font de nombreuses acquisitions. Les commissionnaires de nos bouchers en ramènent aussi, une certaine quantité de bœufs.

Les charretiers de Bordeaux y achètent les beaux attelages que nous voyons sur nos quais et dans toutes les parties de la

2

ville, transportant sur des traineaux les nombreux éléments de notre commerce. Après six mois ou un an de ce genre de service, durant lesquels ils acquièrent un nouvel embonpoint et une santé florissante, ils sont vendus aux engraisseurs du Lot-et-Garonne, qui les destinent au concours des bœufs gras.

Beaucoup d'éleveurs des environs de La Réole m'ont témoigné souvent leur étonnement, au sujet de la différence qui existait entre les bœufs qu'ils avaient vendus aux charretiers de Bordeaux et ceux conservés dans leur étable, au point de vue de l'état général, de l'embonpoint et de ce qu'ils appellent dans leur langage ; *le point convenable pour pousser à la graisse*. Ils en attribuaient la cause à l'alimentation et regrettaient de ne pouvoir arriver à maintenir les leurs dans un état aussi satisfaisant, malgré les soins de tout genre qu'ils leur prodiguaient.

La cause de cette différence réside toute entière dans le genre de service. Le service de la charrette en général et du traîneau en particulier, sont plus favorables à l'entretien du bétail. Il y a dans ces genres de travaux, intermittence de charge, repos plus ou moins prolongé ; des routes et des rues où la charge n'exige qu'une faible traction ; des occasions d'abri contre les éléments et les insectes ; des jours entiers d'étable. Les travaux agricoles au contraire, exigent, à certaines époques surtout, une constance non interrompue d'efforts et de fatigues ; un emploi plus uniforme et plus prolongé de la force de l'attelage, n'importe l'heure, le lieu, la saison. Il n'est donc pas surprenant, qu'en certains temps, dans les meilleures étables, les attelages présentent des différences d'état et de valeur vénale sensibles. Cela tient évidemment, toute proportion de soins gardée, à la spécialité de travail qu'on exige d'eux.

Jusqu'à ce jour, les éleveurs de l'arrondissement de La Réole, de quelques parties de l'arrondissement de Libourne, ont professé un véritable culte pour leur race. Ils n'admettent à la reproduction, que les animaux offrant les caractères de taille et de conformation qui lui sont propres. L'expérience leur a démontré que ces caractères concordent avec les meilleures conditions pour le travail, pour l'engraissement et pour la finesse de la viande. Ne leur parlez pas de races étrangères, de croisements plus avantageux. Ils vous répondraient, qu'ils vendent tous leurs produits ; qu'ils ne peuvent en faire assez pour les étrangers qui fréquentent leurs marchés ; que cela leur suffit.

Nulle part, dans le département, la race ne réunit d'ailleurs, à un égal degré, le double mérite d'une race travailleuse et succulente. Les habitudes agricoles ont tout fait pour elle. Exclusivement façonnée pour le sol ; le sol lui a rendu, à son tour, les bienfaits d'une abondante et substantielle production. Aujourd'hui, elle passe à l'étable, une grande partie de la vie ; partagée entre l'affectueuse intimité de ses maîtres et les travaux agricoles qu'elle doit accomplir.

Il y a six ou sept ans, le bétail dans ces arrondissements, était vendu à un âge plus avancé, qu'il ne l'est aujourd'hui. On peut trouver dans ce fait, une signification péremptoire en faveur de l'accroissement de l'élève. La majeure partie des achats réalisés par les commissionnaires de boucherie pour Bordeaux, est âgée de six ans. Les autres acquisitions portent sur des animaux de six à dix mois et de deux à trois ans. Nous ne souhaitons pas, que le renouvellement du bétail, devienne un stimulant plus actif de la production. Nous redouterions pour la race un temps d'arrêt dans le perfectionnement, par un relâchement de sollicitude ou moins d'affection de la part des agriculteurs. La réputation de la race, ce qui l'a fait rechercher par les propriétaires de tout le département, c'est sa conformation si régulière, sa taille, son ensemble et sa manière d'être au travail. Si, par des spéculations mal comprises, elle venait à décheoir de ces qualités, les acheteurs

n'afflueraient plus dans les marchés, la mercuriale baisserait; on achèterait moins, meilleur marché, ou on n'achèterait plus.

Déjà on formule quelques plaintes sur l'état des jeunes bouvillons. On leur reproche d'être lents à se développer dans les parties postérieures. Cela est malheureusement fondé et tient, je crois, à des causes tout-à-fait étrangères à la race et aux soins dont elle est l'objet. Le plus souvent, c'est le résultat du bistournage que les empiriques et les châtreurs pratiquent mal sur tous les veaux du pays. Cette affreuse mutilation détermine, pendant des mois entiers, des douleurs très-aiguës; un état inflammatoire des organes génitaux et des parties environnantes, qui produit quelquefois des lésions organiques, dont l'action nuit pour toujours à la locomotion; le plus souvent, un amaigrissement notable des muscles croupiens et comme un affaiblissement général, dans la faculté d'assimilation du jeune animal.

L'opération de la castration à testicules découverts, comme elle est pratiquée pour les chevaux, quand elle est confiée à des mains habiles, convient mieux. Je l'ai pratiquée fort long-temps avec le plus grand succès. Elle est sans action contraire pour l'avenir et n'a aucun danger et presqu'aucune douleur pour le moment. Nous appelons sérieusement l'attention de tous les éleveurs de l'arrondissement de La Réole et du canton de Brannes particulièrement, sur cette pratique souvent barbare, dont l'influence est réellement fatale aux élèves. .

L'aptitude de la race garonnaise pour l'engraissement, après l'âge de six ans, est un fait amplement démontré. Dans quelque région que l'on en cherche la preuve, elle sera fournie par les exemples du moment et par les habitudes des paysans, pour la réforme de leurs attelages. En parcourant les îles de nos fleuves, les pacages de nos palus, de nos marais, les savannes du Bas-Médoc, on peut vérifier le fait en constatant l'âge et l'état des nombreux animaux de notre race garonnaise qui y sont mis à l'engrais. Ces investigations pourront donner la mesure du renouvellement de la population bovine dans la Gironde, beaucoup plus rapide qu'il y a quelques années : résultat heureux, qui fait l'éloge des progrès de l'agriculture dans notre département, tant qu'il s'allie au perfectionnement progressif de nos races.

Mais indépendamment de cette aptitude générale, un peu tardive, peut-être, au gré des hommes, qui voient le dernier mot de l'amélioration des races bovines, dans leur précocité à engraisser, la garonnaise possède sur les bords du Drot, de la Vignague, de la Dureze et sur quelques points des rives de la Garonne et de la Dordogne, une grande précocité sous ce rapport. Depuis 1848, époque de l'institution de notre concours de boucherie, elle a lutté avec succès contre les races étrangères les plus précoces et contre ses rivales de notre région. En 1849, un bœuf garonnais de quatre ans, remporta le prix de la première catégorie; en 1850, un bœuf garonnais de six ans remportait le 1.er prix de la 2.me classe; en 1851 et 1852, un bœuf garonnais de huit ans remportait le 1er prix de la 1.re catégorie. — Le 1er prix accordé aux animaux de quatre ans au plus, a été également obtenu en 1850 et 1852 par un animal garonnais, luttant contre des Durrhams.

A chacun de ces concours, la race garonnaise a fourni un nombreux contingent de concurrents, qui tous ont rivalisé, sous le rapport du fini de l'engraissement et de la perfection de l'ensemble, avec les différentes races qui y étaient représentées.

Il ne s'agit donc désormais, que de fixer la précocité dans les familles qui la possèdent, et de l'étendre à la race entière. Mais ceci ne peut être l'œuvre, ni d'un jour ni d'un seul homme. Nous aurons l'occasion dans la suite de ce mémoire, d'examiner les conditions les plus appropriées à l'amélioration des races à ce point de vue.

§ III.

RACE DES LANDES.

Cette race n'appartient pas exclusivement au sol de la Gironde. Elle lui est commune avec le département, dont elle porte le nom.

Petit, trapu, ras de terre, bien pris dans ses membres, le bœuf des landes de la Gironde, est rustique, sobre, vigoureux. Il possède une vivacité d'allures et une résistance qui contrastent avec l'exiguité de sa taille et de sa maigreur presque proverbiale. Nourri exclusivement en liberté, il reçoit cependant, pendant l'hiver, quand les pluies ou la neige rendent les pacages inabordables, un petit supplément de millade ou de fanes de maïs, desséchées.

Dans le département des Landes, le paysan moins apathique et plus industrieux que l'habitant de nos landes, nourrit son attelage de travail, à la main. Cette méthode économique de donner la pâture au bétail, contribue puissamment à le maintenir dans un état convenable et satisfaisant d'embonpoint. Il la pratique aujourd'hui, dans toutes les conditions de service, de cultures, et n'a qu'à se réjouir du double résultat qu'il obtient, comme économie de fourrage et santé des attelages. Nos landais Girondins sont trop paresseux, trop inertes pour imiter leurs voisins. Aussi, notre race des landes est encore dans une grande infériorité, par rapport à la race bovine des environs de Mont-de-Marsan, de Roquefort et de Dax.

Caractères spéciaux. — Robe rouge, tirant sur le brun, tête petite, étroite, enfumée, aux cornes minces, noires, contournées; membres grêles, taille petite.

Elle est fort nombreuse dans toute la région de nos landes, depuis Saint-Symphorien jusqu'au confluent de la Gironde.

Dans certaines communes, elle constitue des troupeaux de rente, assez nombreux, qui vivent dans les vastes communaux et donnent un petit revenu en fumier pour quelques cultures de céréales ou quelque peu de lait pour la nourriture des familles.

Aptitudes, — Emplois.— La race est généralement utilisée pour les charrois des produits des forêts et l'exploitation des petites industries de ces contrées. Dans les propriétés où la race a été grandie par quelques bons soins, par une nourriture substantielle et copieuse, elle est employée aux labours, à tous les travaux agricoles et aux transports, à de longues distances, des engrais et du calcaire qu'on emploie pour les cultures des céréales et des fourrages ; ainsi que pour le service des usines et des forges du pays.

Les distinctions, qu'on a cherché à établir dans cette race, sont plutôt une satisfaction donnée aux dénominations locales, que l'expression d'un fait zoologique. Ainsi, les sous-races des charbonniers, des bois, ne sont que des nuances de la race des Landes, plus favorisée dans une région par de meilleurs pacages, une alimentation plus abondante et surtout régulièrement administrée.

Depuis quelques années, on a constaté des progrès sensibles dans l'agriculture des landes. La race s'est ressentie de ses progrès dans les contrés privilégiées. Les cantons de La Teste, d'Audenge, de Belin, possèdent d'excellents attelages et des troupeaux de rente assez nombreux et assez bien entretenus. Toutes nos landes sont sillonnées aujourd'hui par des charrettes dont la comparaison avec celles d'autrefois pourrait témoigner de l'amélioration en force et en taille des animaux qui les conduisent. Dans quelques domaines, cette amélioration a été secondée par quelques croisements avec le taureau bazadais. Nous avons visité, dans les environs de Mios et de Salles, quelques propriétés où la race a plus particulièrement bénéficié de cette alliance. Les produits métissés, soignés dès leurs premières années, ont atteint une taille bien supérieure à celle de la race indigène, plus de développement musculaire et un cachet, qui leur donne sur les marchés de ces communes, une assez grande valeur vénale. Le croisement bazadais, avec la race améliorée par le régime et l'hygiène, augmentera notablement son aptitude pour tous les genres de travaux. Réalisé hors de ses conditions, il en retardera le perfectionnement, on pourra le rendre même impossible.

Le bœuf des landes, après avoir fourni une longue carrière aux travaux agricoles et industriels, prend assez bien la graisse et fournit un bon aliment à la consommation publique. Nous avons mangé dans les principales communes de nos landes, de la viande fournie par cette race. Elle était, en général, passable, surtout lorsque l'animal avait pacagé dans les pâturages qui entourent le bassin et les prés salés qui s'étendent le long du littoral, jusqu'au Verdon. Il est très-rare de voir le bœuf des landes engraissé par le marché de Bordeaux. Les droits d'entrée frappant indistinctement et également les petites et les grandes races, celles-ci sont par le fait, condamnées à ne point entrer vivantes en ville. La réforme municipale naguère adoptée sous ce rapport, a nui plus qu'elle n'a profité aux races d'un petit poids. C'est la race des landes qui fournit à l'alimentation de la majeure partie des communes, des cantons de Belin, de La Teste, de Captieux, de Saint-Symphorien, d'Audenge, de Pessac et de Saint-Laurent. Dans la saison du printemps et de l'automne, la viande de ces animaux est assez bonne.

§ IV.

RACE LAITIÈRE.

La race laitière de la Gironde mérite une mention toute spéciale. C'est, sans exception, l'une des meilleures connues. Elle présente suivant les localités, quelques différences de taille et de robe, qui lui ont mérité de la part des marchands de bétail, la distinction en *grande* et *petite* race. Cette différence de taille, qui est le résultat des lieux et des ressources alimentaires, ne peut pas justifier cette distinction. Les propriétaires la désignent sous les noms de *Race des Marais* et *Race des Landes*. Nous adoptons cette dénomination.

La race des marais ou grande race, se trouve principalement aux environs de Bordeaux, dans les riches vallées ou palus qui bordent la Garonne et la Gironde, depuis Saint-Macaire et Langon, jusqu'à Blaye et Pauillac. Elle est remarquable aux environs de Bordeaux surtout par sa taille et sa fécondité. A l'époque où l'industrie du lait permettait de réaliser quelques bénéfices, on trouvait de magnifiques troupeaux de la race des marais, dans toutes les propriétés importantes qui avoisinent notre marché. Depuis quelques temps, le nombre en a diminué, à cause de la concurrence frauduleuse que certains industriels font impunément aux producteurs de lait.

La robe de la race est pie, noir ou blanc, quelquefois café au lait. Elle mesure sous poteuse 1ᵐ 46ᶜ. L'ossature est grêle, les parties antérieure fines, l'encolure maigre, évidée, la tête légère avec de petites cornes.

Si l'on examine les caractères de la race des marais au point de vue de l'industrie, on acquiert bientôt la certitude qu'elle est une des meilleures de France et de l'étranger.

On propage à tort dans le monde agricole, l'infériorité de nos races domestiques. Pour celle qui nous occupe, j'ai recueilli souvent de la bouche d'agronomes distingués du Royaume-Uni et de propriétaires du Nord de la France, de la Suisse et de la Belgique, que leurs meilleures vaches laitières n'avaient pas le rendement commun de nos vaches des marais (12 à 17 pots — 24 et 34 litres de lait). On trouve très-fréquemment chez nos éleveurs, des laitières qui dépassent ce chiffre. La race des landes, beaucoup plus nombreuse, plus petite est disséminée dans tout le département. Il n'est pas de famille au moins dans la campagne, qui ne possède sa vache laitière. Dans quelques communes, on la désigne encore sous le nom de *vache bretonne*, quoique née dans l'étable ou le pays. Elle possède à un degré supérieur la faculté lactifère. Les communes de Pessac, Gradignan, Béliet, Salles, Mios, Audenge, Saint-Médard, Mérignac, le Taillan, en renferment de nombreux troupeaux. Elles aiment beaucoup le pacage et sont très-peu exigeantes en nourriture.

La majeure partie des éleveurs de cette race est très-compétente pour apprécier la faculté lactifère. Il ne pouvait en être autrement, dans un centre de production aussi considérable et aux lieux où, le système Guenon, (cette merveilleuse découverte qui a eu pour contradicteurs, pour quelques hommes consciencieux, tant d'ignorants et de jaloux), avait vu le jour.

L'origine de la race laitière de la Gironde, remonte à l'introduction dans le département de la vache hollandaise, par la *Compagnie de Dessécheurs* qui entreprit vers le milieu du siècle dernier, l'assainissement des marais de Bordeaux et de Bruges.

L'industrie laitière, longtemps la seule possible dans ces contrées, devenue plus tard, l'origine de la fortune de quelques laitiers, a eu de grands intérêts à conserver et à perfectionner les descendants de cette famille. Elle y est heureusement parvenue. Quelques propriétaires ont croisé cette race avec la race d'Irlande, descendante de la race hollandaise ; d'autres, avec le taureau Durrham ; d'autres encore avec le taureau Suisse. Tous ces croisements heureusement limités à une ou deux générations, dans une dizaine d'étables, n'ont pu altérer les facultés ni la légitime réputation de nos bonnes laitières. Le petit propriétaire, l'industriel dont toute la fortune réside dans la bonté de ses vaches, s'est tenu le plus souvent à l'écart de toutes ces grosses erreurs.

Le commerce et la spéculation ont enrichi le département d'une grande quantité de vaches bretonnes des environs de Nantes et des laitières si sobres du département des Côtes-du-Nord. Alliées avec la race indigène et substantiellement nourries, ces races ont prospéré, grandi, multiplié et subi avec avantage les heureuses influences de notre sol et de notre climat.

Pendant longtemps, les propriétaires n'ont exigé des vaches laitières que leur sécrétion lactée. Mais, depuis que le prix du lait a été avili, qu'il rénumère à peine, on emploie la race aux travaux agricoles, dans les terres légères surtout, toutes les fois qu'elle ne produit pas de lait. Le propriétaire utilise ainsi, avec profit, un capital vivant qui était tout-à-fait improductif.

Arrivée à l'âge où la faculté lactifère diminue sensiblement, la vache laitière est jetée dans les pacages ou vendue pour la boucherie. Elle fournit, en dernier ressort, un élément assez bon à l'alimentation publique.

DEUXIÈME PARTIE.

---

§ I.

AMÉLIORATIONS DÉJA RÉALISÉES DANS LE PAYS.

Il ne faut pas le dissimuler ; c'est dans la production et le perfectionnement de ses races de travail , que la Gironde est la plus intéressée. Il s'écoulera de longues années ; on aura réalisé de grandes améliorations dans le sol , avant que d'autres intérêts sollicitent plus puissamment nos éleveurs.

L'agriculture a progressé dans la Gironde avec une grande lenteur. La culture de la vigne seule , a fait exception ; plutôt contraire que favorable à l'industrie animale.

La pensée de transformer nos races de travail en races d'engrais , est un véritable anachronisme. Si l'on compare notre agriculture avec celle du Nord et de la Belgique , on comprendra la témérité et les dangers de vouloir assimiler et calquer nos industries animales , sur celles de ces contrées.

Nos races de travail représentent un capital énorme. Dans quelques arrondissements, elles constituent la source d'un grand revenu ; dans quelques autres , leur unique revenu.

Chaque jour, la situation de nos éleveurs tend à devenir meilleure par l'accroissement en valeur de nos animaux. Les réformes dans l'élevage, dont le but serait de développer à un plus
haut degré la précocité d'engraissement qui réside dans leur
sang, mais qui ne se manifeste qu'à l'âge adulte, doivent être
amenées graduellement et accomplies avec beaucoup de prudence.

Ce qu'il importe le plus, avant tout, dans notre Midi, dont
le sol abonde en produits si variés, dont le climat est si pro-
pice, c'est de répéter les utiles traditions de l'expérience en
conservant et perfectionnant, dans ses types les meilleurs et les
plus appréciés, le bétail dont les qualités sont si bien adaptées
à son sol et à son état agricole.

Qu'ont fait nos éleveurs pour donner et maintenir dominante,
la plus précieuse dans leurs races bovines, la puissante faculté
de travail qui les distingue ! Est-ce par l'importation de races
étrangères et leur alliance avec les races indigènes ? non ; car
les métissages qui ont été faits suivant cette méthode ont tous
été très-mauvais et ont fait dégénérer l'espèce dans les contrées
où la reproduction leur a été confiée ! Est-ce par l'importation
des races pures ? non ; car dans les grands domaines ; où ce
système d'éducation a été suivi, l'insuccès le plus complet a
été constaté ! Est-ce par l'alliance des différentes races locales,
entr'elles ? non ; car dans les localités où ces alliances n'ont
pas été subordonnées aux ressources du sol, aux habitudes
locales, à l'état des races, elles ont mal abouti.

Partout où nos races ont une certaine supériorité, les éleveurs ont laissé leur libre influence au sol, aux éléments, au
climat, à la race elle-même. La loi naturelle en vertu de laquelle les extraits ressemblent à leurs ascendants paternels et
maternels, a eu son libre cours. Les caractères, en se repro-
duisant dans la succession des générations, se sont fixés d'une
manière constante. Les races ont été créées.

Cela obtenu, d'abord par l'application fortuite, non raison-
née de cette loi naturelle, primordiale ; d'autres éleveurs ont
cherché à l'améliorer. Ils y sont parvenus par les perfectionnements agricoles, l'abondance des fourrages, des circonstances
hygièniques plus favorables et un bon choix de reproducteurs
dans la race même. Ainsi se sont accumulées sur nos deux
principales races, la Garonnaise et la Bazadaise, les bienfaits
d'une éducation qui n'avait pour but, avant tout, que de produire des instruments de travail.

Dans ces dernières années, cependant, la face économique
de l'industrie bovine a présenté une perspective nouvelle. Le
concours de Poissy, auquel l'on donna une grande importance,
séduisit, dès le premier jour, les agronomes du Nord. Les
primes qu'on y distribua, l'éclat de la solennité et les résultats
proclamés contribuèrent à mettre en relief pour les régions où
les prairies abondent, où les pâturages constituent une des
principales richesses du sol, où les cultures exigent, à cause
du caractère des saisons, une grande célérité, les avantages
de négliger l'espèce bovine sous le rapport du travail et d'en
faire l'objet principal de la production alimentaire.

La puissance de ce fait a précipité les réformes dans l'agriculture du Nord. Le cheval est généralement devenu l'instrument indispensable des opérations agricoles, et le bœuf, le
consommateur de la ferme en vue de la boucherie. Les principales races de cette région ont été modifiées dans leurs dispositions et dans leurs formes ; le croisement Durrham s'est
généralisé et a produit des races aussi estimées, comme engraissement facile et précoce, que la race Durrham elle-même.

Aujourd'hui, l'action du sang anglais est prépondérante
dans ces races rivales des races anglaises d'engrais. Les éleveurs du Nord ont définitivement atteint le but industriel vers
lequel leur agriculture les entraînait.

Mais ces succès et ces exemples, tout dignes qu'ils soient

de l'estime des agriculteurs et du pays, ne peuvent sans danger être prônés dans nos contrées. Pour que les races précoces d'engrais produisent, il faut qu'elles soient à leur place. L'erreur sur ce point a produit partout les mécomptes les plus graves. Notre département surtout n'est pas leur pays. On ne peut pas, à part quelques exceptions, les y chercher encore et nous pourrions citer des faits qui prouveraient la témérité de leur introduction. Dans les localités où elles pourraient trouver les produits alimentaires nécessaires à leur entretien, où la culture serait en rapport avec leurs besoins, où les influences géologiques seraient favorables, où les hommes seraient compétents pour les élever, elles réussiraient. Ailleurs, où malgré la richesse relative du sol, ces conditions ne seraient pas identiques, elles y seraient trop souvent contraintes à une sobriété, à un régime, à des influences incompatibles et funestes. Peu capables de travail, tout leur serait contraire : la main du valet, l'esprit du paysan, les habitudes elles-mêmes du pays, et plus que tout, l'insuffisance et l'inhabileté dans l'administration des soins.

Cependant, les races de la Gironde, telles qu'elles sont aujourd'hui, arrivées à un degré assez élevé de perfection, comme formes et moral (par la méthode de Backwell, c'est-à-dire par la nourriture, le régime, l'hygiène, le choix des reproducteurs dans la même race, souvent dans la même famille), ne possèdent pas seulement la faculté unique du travail agricole et il n'est jamais venu à l'esprit de nos éducateurs, que cette aptitude pût être exclusive ou absolue. Elles sont aptes aussi à l'engrais.

On a écrit, que la tendance naturelle de ces deux facultés, le travail et l'engraissement, était de se séparer, de s'isoler en se développant, au détriment l'une de l'autre. Nous ne croyons pas, en principe, à cette tendance. Il est des animaux qui seront toujours de mauvais travailleurs et de pitoyables

bœufs d'engrais. Nous pensons que dans toutes les races animales, les deux aptitudes dont nous parlons peuvent exister et
qu'elles correspondent à une certaine période de la vie : la
faculté du travail, jusqu'après l'âge adulte ; l'engraissement,
après cet âge. Il n'est que les races industrielles qui possèdent
des facultés exclusives, parce qu'elles sont créées en vue d'un
but unique.

La race garonnaise travaille communément depuis deux ans
et demi jusqu'à six ans et demi ; à partir de cet âge, elle est
livrée à l'engraissement. La race bazadaise travaille depuis
trois ans jusqu'à huit. Elle est vendue, après cet âge, pour le
pacage ou l'abattoir.

Ces périodes tranchées, dans les *deux fins* pour lesquelles
nos races sont élevées, tiennent, je crois, davantage au petit
nombre de bétail que possède la Gironde, qu'à leur incapacité
précoce pour l'engrais. Si nous considérons, en effet, la
conformation générale des bœufs dans les environs de la Réole
et sur les bords du Drot ; aux environs de Sainte-Foy et de
Castillon ; depuis Castets en remontant jusqu'à Meilhan, les
bords de la Garonne, nous voyons dans la race garonnaise, le
fanon diminuer, disparaître même ; les cornes s'affiner ; la tête
dégrossir, le bassin prendre les contours du bœuf Charolais et
du Durrham. Il est vrai, que dans toutes ces contrées, la race
a subi les influences d'une alimentation abondante et choisie,
d'une agriculture riche et avancée, d'une sollicitude particulière
de la part des éleveurs. Mais aussi, quel résultat ! La transformation lente, successive, d'une race de travail en une race à
deux fins, aussi précoce presque pour l'une que pour l'autre.
Voici d'ailleurs l'opinion d'un homme, non-seulement compé-
tent, mais très-versé dans les détails les plus intimes des ressources de notre agriculture et des qualités de nos races (1).

_____

(1) M. Aug.te Petit-Lafitte.

A l'occasion des concours de boucherie de Bordeaux, il dit :
« (Animaux de 4 ans). D'abord en 1849, ces prix furent ob-
» tenus par des sujets de race étrangère, par des Durrham plus
» ou moins purs. Plus tard, en 1850, ce furent les Garonnais
» qui les obtinrent, démontrant ainsi au grand avantage de la
» localité, qu'il y avait chez elle, pour ce genre d'engraisse-
» ment des ressources également précieuses et dans ses races
» indigènes et dans ses procédés de culture. Dernièrement en-
» fin, on a vu ces mêmes prix devenir le partage de nos deux
» principales races locales, au point de vue spécial qui nous
» occupe ; la race garonnaise et la race saintongeaise ».

Le concours de 1852 a donné raison aux présomptions de
l'honorable professeur, et les races garonnaises et bazadaises
ont lutté avec succès contre leurs rivales, et occupé dignement
la place qui leur a été assignée par les premiers concours.

Mais nous l'avons déjà dit, cette faculté précoce pour l'engraissement n'est point une qualité générale, une *aptitude
constituée* dans la race. Partout où l'on trouve des bœufs bazadais ou garonnais à l'engrais, dès l'âge de trois ou quatre ans,
on constate des procédés de culture, très-avancés et des produits en fourrages et en racines, tout-à-fait remarquables ;
une éducation intelligente et soignée et les plus beaux éléments
de la reproduction.

C'est ce que l'on remarque aussi en Angleterre, cette terre
classique de l'engraissement, où les résultats obtenus se conti-
nuent, dans d'excellents pâturages, sous le climat le plus favorable à la production constante d'une herbe riche et nourris-
sante, par l'application d'engrais puissants et variés, par les
racines, les graines et les tourteaux prodigués en tout temps
avec intelligence et largesse, à des animaux dont la destination
est spéciale et qui n'ont jamais rendu un service au travail
des champs.

§ II.

CHOIX A FAIRE PAR LES ÉLEVEURS.

Nos races doivent donc, à la méthode naturelle suivie par les éleveurs (hygiène, choix des parents), indépendamment du mérite agricole (aptitude au travail à 2 ans et $^1/_2$), une assez grande précocité dans le développement et une puissance d'assimilation, qui leur permet de figurer convenablement dans les concours de boucherie, depuis l'âge de 4 ans. C'est aux cultivateurs qui les possèdent et les élèvent, qui les connaissent et savent ce qu'elles valent, ce qu'elles peuvent produire, que doit être réservée l'œuvre incessante de leur perfectionnement. Seuls, ils connnaissent bien, en effet, les conditions particulières au milieu desquelles elles se trouvent, les besoins et les travaux qu'elles leur imposent. Un petit nombre retire, sans doute, de ses observations et de la connaissance chaque jour plus intime, des dispositions, qualités ou imperfections de sa race, des notions exactes sur les moyens pratiques à mettre en usage pour lui donner, ou une plus grande puissance de travail, ou plus de propension à l'engrais. Mais là, n'est point l'écueil. Le point le plus important qu'il ne faut jamais perdre de vue, c'est de mettre le bétail en harmonie avec la nature du sol et l'état des cultures, et de subordonner son régime aux exigences des qualités qu'on veut lui donner par des alliances nouvelles.

Nous croyons donc superflu, dangereux peut-être, de fixer des règles, d'aborder les principes généraux de l'éducation.du bétail. Aussi bien, ces principes, ces règles, ne sont rien moins, qu'invariables et présentent dans la pratique des modifications aussi nombreuses, que les variétés de sol, de culture et de race.

Il n'en est point ainsi de quelques données applicables à

toutes les situations, à tous les élevages. Celles-ci, nous pouvons les recommander à tous les éducateurs et espérer de leur application les meilleurs résultats.

L'expérience a démontré, en effet, combien il importait à l'avenir des races, quelque fût leur spécialité, de bien soigner les animaux dans le jeune âge. Il ne suffit pas que la nourriture soit abondante ; il faut qu'elle soit aussi substantielle que possible et en rapport avec l'âge. La nourriture abondante agit sur les organes de la digestion, les viscères abdomimaux qu'elle développe, presque toujours, au détriment de ceux qui concourent plus directement et d'une manière plus active, aux grandes fonctions de la vie. Le cœur, le poumon, les centres nerveux, exigent de bonne heure une alimentation alébile et copieuse. Plus tard, c'est sous l'influence de leurs fonctions puissantes, que se développe la faculté d'assimilation, d'où découle la faculté de l'engraissement et souvent la précocité. A l'état adulte, elle rend la ration d'entretien relativement plus faible que celle nécessaire à un même poids de viande, sur des animaux moins bien nourris dans le jeune âge et dont les fonctions essentielles s'accomplissent plus imparfaitement. Ce résultat, inexpliqué par l'éleveur, a porté bien des fois le découragement au début d'un essai, pour sortir de la chétivité d'une race. L'erreur des éleveurs en général, n'est pas dans la nourriture ; c'est le choix des animaux qui est déplorable ; c'est de nourrir des bestiaux mauvais qui est ruineux ; c'est de prêter, de fournir d'abondants produits à des débiteurs insolvables, qui est dangereux et grave.

L'erreur dans le choix des animaux, quelle que soit leur destination, est et sera toujours l'écueil éternel d'une certaine classe de propriétaires et d'éleveurs. La connaissance des aptitudes en vue de la conformation générale, ne s'acquiert pas dans un jour. Elle est néanmoins indispensable pour le succès des industries animales. La souplesse du tissu cutané, peu

de fanon , le corps bien arrondi , la culotte bien descendue,
la corne fine , la tête légère , l'encolure grêle , sont des signes
certains de l'aptitude à l'engraissement. Ces signes se complè-
tent presque toujours par une ténuité relative du volume des os.

Ces caractères peuvent se rencontrer aussi au même degré,
dans les races élevées pour le travail ; mais cela est beaucoup
plus rare. Lorsque quelques-uns d'entr'eux s'y rencontrent,
ils constituent un vice de conformation. Telle est, par exemple,
la petitesse de la tête , l'exiguité de l'encolure. Dans les races
de travail, il est nécessaire que ces parties, pour posséder leur
part d'énergie et de force , soient proportionnées en volume
au reste du corps.

Il en est de même pour les membres. Dans les races de boucherie, les membres ont, comparativement au reste du corps,
une grande briéveté. On comprend , que cette conformation
constitue une grande beauté. Car les membres sont considérés
comme issues et n'ont presque point de valeur. Au contraire,
dans les races de labourage ou de trait , cette beauté serait
une laideur qui tournerait à l'impuissance ; un défaut capital
pour le travail. Ici encore , la juste proportion avec le développement général , est un caractère d'une grande valeur.

La région la plus importante du corps pour toutes les fins
auxquelles sont destinées nos races bovines, c'est celle qui
forme la poitrine. L'état de son développement, de sa conformation générale , donne la mesure de la puissance des viscères
chargés des fonctions auxquelles correspondent la force, l'énergie , la durée dans l'animal de travail ; l'aptitude à un engraissement rapide , dans la race d'engrais ; enfin , la faculté sé-
crétoire , dans les vaches laitières.

Ainsi , la poitrine sera haute et profonde , le poitrail large
et bien musclé , le garrot épais , les épaules dégagées et les
côtes contournées en cercle et bien mariées aux flancs, quelle
que soit la race ou sa spécialité.

La belle conformation de cette région doit être surtout recherchée dans les animaux destinés à la reproduction.

La taille mérite quelques observations. Nos économistes agricoles ont démontré que la force des animaux destinés au tirage était en raison directe de leur poids. Un bœuf pesant 500 kilos, peut faire autant de travail que deux de 250 kil. chacun. Suivant Mathieu Dombasle, la consommation respective, suit la même loi. Victor Ivart, dont l'autorité en économie rurale a une grande valeur, pense que deux petits bœufs de 250 kil. chacun, consomment ensemble plus qu'un ; du poids de 500 kil. et ne donnent pas du fumier, dans la même proportion. Il assure qu'en réunissant les squelettes de deux petits bœufs, leurs estomacs, leurs intestins, toutes leurs issues, on obtient une masse notablement plus considérable que celle de ces mêmes matières tirées d'un bœuf unique ; que celui-ci, quoique ne pesant qu'une fois plus, donne au-delà du double en viande nette et en suif.

Ainsi, à ce point de vue, les considérations dictées par l'expérience paraîtraient déterminantes. Mais, soit qu'il veuille obtenir de grandes races de travail ou de boucherie, ou des races à deux fins, l'éleveur devra toujours consulter son agriculture, ses ressources, les habitudes culturales de sa localité et l'emploi des races ; ne pas croire surtout que la transmission des facultés, des aptitudes, de la conformation, sont exclusivement inhérentes aux reproducteurs et qu'elles doivent se produire, en dépit des résistances locales, des richesses du sol et de l'éducation elle-même.

L'opinion de M. Dombasle et de Victor Ivart est favorable au poids et à la taille pour les races de travail et d'engrais. La grande taille résultant plus de la longueur des membres que de la profondeur du coffre, constitue un défaut de construction complètement opposé à la faculté de prendre la graisse. Elle est également contraire aux animaux de travail. C'est la conformation de l'ancienne race du Médoc, métissée par le sang Irlandais et Suisse.

En appliquant aux choix de leurs animaux et de leurs races les principes que nous venons d'exposer, les agriculteurs se tromperont moins souvent et ne livreront pas au hasard, le succès d'une industrie aussi importante que celle du gros bétail.

§ III.

INFLUENCES DIVERSES.

Ainsi, nos races que nous persistons à nommer, des *races de travail*, ne sont pas dénuées de cette précocité dans le développement, de la faculté d'engraissement, tant appréciée aujourd'hui dans le monde agricole. Elle est plus sensible, il est vrai, dans certaines localités, mais le germe existe ; il pourra être développé suivant les circonstances et devenir, quand la raison économique le commandera, la faculté exclusive.

Qu'on ne se hâte pas seulement ! que les agriculteurs observent prudemment et marchent avec sagesse, dans cette voie de transformation des industries animales, vers laquelle nous poussent le Gouvernement et l'esprit de l'époque. Rien n'est stable dans le monde. Les encouragements accordés à l'élève de la boucherie par un gouvernement, auront leur temps comme toutes les institutions humaines. Malheur au cultivateur qui paie l'impôt, qui vit et élève sa famille avec le produit du travail de sa terre, s'il ne base pas l'industrie de l'engraissement sur l'amélioration de son domaine, sur l'abondance de ses fourrages, de ses racines, sur l'expérience acquise de ne pouvoir les écouler plus avantageusement par une autre voie. Le jour, où les concours de bestiaux *gras* seront supprimés en France, ou subventionnés seulement par la boucherie elle-même (et cela nous menace peut-être, plus qu'on ne pense), nous assisterons à un petit cataclysme agricole qui ruinera bien d'honnêtes propriétaires , plus d'un imprévoyant industriel.

Après nous être consciencieusement éclairé sur les ressources de la majeure partie des domaines du département ; après avoir étudié les progrès de l'agriculture , les espérances qu'ils peuvent faire concevoir , nous avons la conviction que nos races , telles quelles , améliorées selon l'esprit et les principes suivis par ceux qui les possèdent et les élèvent , seront , longtemps encore , l'un des principaux éléments de la prospérité de notre département.

Quelques institutions et quelques hommes ont exercé une certaine influence sur leur état actuel. Les primes , les concours , la presse , y ont certainement contribué.

Les primes votées par les Conseils-Généraux , auraient été un stimulant précieux pour la propagation des exemples et des idées qui peuvent déterminer l'amélioration culturale et les bons systèmes d'éducation, si leur distribution avait moins considéré le résultat que les conditions relatives des concurrents. Le riche éleveur a tout accaparé jusqu'à ce jour , et il n'a dû le plus souvent son succès , qu'au capital dont il pouvait disposer. Nous ne voulons point dire , qu'il y a eu , toujours mal jugé dans les opérations et les arrêts d'un jury impartial ; nous exprimons seulement la pensée , que des encouragements précieux ont été égarés et perdus pour des intéressés bien dignes et bien méritants.

La Société d'Agriculture et les différents Comices de la Gironde ont institué des concours locaux , indépendants des subventions départementales. Le plus important est le concours général , fondé et subventionné en grande partie par la Société d'Agriculture. Il a lieu , chaque année , après tous les concours locaux, au chef-lieu, et les animaux de tous les arrondissements de la Gironde y sont admis , à l'exception cependant des races étrangères et laitières. Ce concours , autant par la pensée qui a présidé à sa création que par l'importance des primes, devrait exercer une très-grande influence sur l'amélioration et le perfectionnement des races. Mais il ressemble à toutes les autres et est à peine fréquenté. Si nous osions donner un conseil à la Société d'Agriculture, nous lui dirions de porter alternativement, dans chaque arrondissement, le siège de ce concours et de n'y appeler que les animaux de ces arrondissements. L'avantage de cette mesure serait de disséminer les bienfaits des primes qu'elle décerne, chaque année et d'y faire participer à tour de rôle tous les éleveurs du département.

La Société d'Agriculture, l'Académie, le *Journal pratique d'Agriculture* ont publié successivement des travaux qui ont pu propager les plus saines doctrines de l'éducation et du perfectionnement des races. Mais le plus souvent tous ces travaux n'ont profité qu'aux membres de ces Sociétés, aux rares lecteurs qui lisent les journaux agricoles et aux auditeurs peu attentifs du Cours d'Agriculture. Ainsi, sont perdues, tout-à-fait, les semences jetées au hasard dans des terres arides.

§ IV.

DES MÉTHODES SCIENTIFIQUES.

Examinons rapidement quelle a été dans la Gironde, l'influence des méthodes scientifiques sur le perfectionnement des races bovines.

La manie des croisements dans un but d'amélioration a long-temps dirigé les éleveurs Girondins. Quelques hommes puissants par leur position et leur fortune, doués de l'esprit d'initiative qui ouvre les portes aux progrès, lui prépare les voies quand il ne les réalise pas ; dévoués à leur pays, ont inauguré dans la Gironde, il y a une trentaine d'année au moins, l'*ère enthousiaste des croisements*. Leur principal et leur premier théâtre, celui où ils ont été continués avec le plus de constance, c'est le Médoc. A l'époque où ces tentatives furent réalisées, cette contrée ne possédait ni ses prairies d'aujourd'hui, ni ses pâturages salés et plantureux ; il ne possédait pas surtout, les éléments d'une race définie et homogène. Les palus et les marais, mal assainis, mal irrigués, ressemblaient pendant l'été à des sentines infectes, pendant l'hiver à des lacs ou à des plaines submergées et inabordables. Les landes, qui dominaient les coteaux cultivés en vignes, offraient d'insuffisants et insalubres pacages. Les troupeaux assez nombreux, entretenus pour la production des engrais, étaient composés d'animaux sans caractères, sans types, recueillis dans les rebuts des marchés et des fermes.

Plusieurs races étrangères fournirent leurs beaux reproducteurs. La Suisse, l'Angleterre, la Normandie, la Gironde, mêlèrent longtemps le sang généreux et fécond de leurs puissantes races, au sang pauvre et abject des bovinées indigènes. Cette longue et stérile école devait néanmoins cesser un jour et faire place à une éducation économique, rationnelle et intelligente. La race garonnaise est en possession aujourd'hui de la majeure partie des étables et des pacages du Médoc. Elle s'y propage avec tous les caractères de taille, de développement, d'aptitudes que nous lui avons reconnus, et tout fait présager que là, ne se borneront pas les bienfaits de sa propagation dans des plaines si fertiles et si admirablement disposées pour l'élève du bœuf. La race bazadaise a eu ses prosélytes aussi, dans cette région ; elle y a produit de bons résultats ; mais cette race a eu à lutter dans le pays vignicole, contre les habitudes invétérées des grands attelages, des attelages fainéants, lympathiques, mais dociles et patients. Elle n'a pu résister aux antipathies que soulevait dans l'esprit des bouviers médocains, son énergie, sa vigueur et son courage.

Les landes ont payé aussi un léger tribut à la mode des croisements. A différentes époques, quelques propriétaires riches ont importé dans les cantons d'Audenge, de La Teste, de Belin, des taureaux bazadais. Ce croisement, fondé sur la puissante influence de ces reproducteurs n'eut aucun succès. Il détermina l'importation de la race bazadaise pure. Après quelques années perdues et des capitaux compromis, les propriétaires revinrent au point de départ et suivirent la méthode simple, naturelle, certaine, qui a la culture pour base et pour principe. Aujourd'hui que de fort notables améliorations dans l'exploitation du sol ont été réalisées, que la culture des fourrages, des racines, des céréales a considérablement augmenté les ressources alimentaires ; que la race indigène a été préparée et successivement améliorée, quant à la taille, au développement, à l'ensemble des formes par un régime substantiel et abondant, le croisement bazadais ne peut que produire d'excellents résultats. Ces deux races possèdent une grande affinité entr'elles. Également sobres et rustiques, vivant sur des terres presqu'identiques, elles ont à des degrés différents, les mêmes qualités morales. D'ailleurs, ce croisement est très-sympathique dans les landes. J'ai parcouru récemment la contrée, qui s'étend depuis le canton d'Audenge jusqu'à Belin, en suivant les bords de la Leyre ; j'ai trouvé la race des landes grandie, musclée, avec de bonnes formes ; j'ai vu des métis bazadais bien réussis et tout-à-fait supérieurs aux produits indigènes par là force des membres et le développement musculaire. Dans les communes où j'ai noté ces observations, les cultures sont admirablement soignées ; les fourrages, les céréales sont magnifiques, et la direction dans les travaux agricoles, excellente. Partout l'éleveur m'a paru occupé du soin de ses attelages, de leur hygiène, de leur santé. Partout il a accueilli avec satisfaction, les éloges et les conseils, que me suggérait sa situation.

L'importation de la race bazadaise pure, n'a pas eu les mêmes succès. L'acclimatation d'une race sur des terres incomplètement assainies ne s'accomplit qu'à ses propres dépens. Elle affaiblit les forces vitales, la résistance organique ; elle altère surtout les facultés génératrices.

La race garonnaise ne pouvait échapper non plus à des tentatives de perfectionnement par métissage. Dans l'ordre des faits, le croisement avec le taureau bazadais a donné naissance à une variété, que l'on retrouve en petit nombre, dans l'arrondissement de Bazas et de Bordeaux. Ce métis ayant à la première génération 50 pour $^0/_0$ du sang paternel, emprunte beaucoup à son père et possède, à part un peu plus de taille et moins de foncé dans la robe, presque toutes ses qualités. Il serait très-facile de constituer cette sous-race, en suivant les principes de la méthode *in-and-in* (amélioration en dedans), et l'on rendrait, en la multipliant, un grand service à l'agriculture de notre pays. Jusqu'à ce jour, ces croisements ont été le résultat de caprice ou de convenance. Aucun principe n'en a réglé la réalisation. Nous croyons fermement, que dans un avenir dont nous n'osons sonder l'éloignement, cette alliance peut remplacer comme race de travail, la race garonnaise perfectionnée au point de vue de la précocité pour l'engrais. Nous allons en peu de mots, émettre notre sentiment sur la marche à suivre, pour arriver à constituer la race bazado-garonnaise.

Le taureau bazadais peut être choisi dans les arrondissements où la race est la plus belle et l'objet des meilleurs soins. Il trouvera depuis Langon, dans les vallées de la Garonne jusqu'à Blanquefort, une nourriture copieuse et riche. Les vaches destinées à être fécondées par lui dans cette contrée, sont un peu élancées, décousues, avec des saillies osseuses et le cornage développé. A la première génération, les produits femelles, ayant 50 pour $^0/_0$ de sang bazadais, seront de nouveau fécondées par le même sang en évitant la consanguinité. La nouvelle génération représentant 75 p. $^0/_0$ du sang paternel, possédera presque toutes les qualités morales du père avec la carrure et la taille des garonnais. L'éleveur devra s'arrêter à ce degré et choisir désormais les reproducteurs dans la nouvelle famille. Celle-ci, moins exigeante que la race pure, douée d'une force vitale supérieure prospérera et se propagera, si elle devient l'objet de quelques soins. Le système de sélection pour les reproducteurs devra être suivi avec une grande constance, si l'on désire fixer et rendre la race immuable. Nous conseillons l'abandon du sang paternel à la seconde génération, parce que, poussée au-delà, la proportion du sang maternel ne pourrait plus exercer l'influence sur le développement et la précocité qui sont ici ses attributions transmissibles. Les circonstances éclaireront l'éleveur sur l'époque où il sera utile de revenir au sang bazadais.

Si en dehors de la région dont je viens de parler, la garonnaise m'avait paru insuffisante au point de vue du travail, ou ses qualités déchues, le seul croisement que je croirais efficace, pour lui rendre sa supériorité, serait celui de la race bazadaise par le mâle. Mais partout, dans le département, la race garonnaise possède des qualités remarquables et réussit, selon l'attente de l'éleveur, si on lui prodigue des soins hygiéniques et alimentaires et si l'on observe dans le choix de ses reproducteurs, les principes de fixité et de constance, sans lesquels tout se confond et s'altère.

Le croisement de la race garonnaise avec la race Durrham a été réalisée à différentes époques et dans plusieurs contrées. A Saint-André-de-Cubzac, dans un grand et riche domaine, avec de très-belles vaches garonnaises soumises au régime le plus substantiel, aux soins les plus éclairés. A Carignan, avec de magnifiques vaches, dans une propriété où les cultures fourragères, les racines, les céréales, représentent une production, qui peut autoriser tous les projets d'un éleveur et d'un industriel. A Saint-Selve, avec des vaches indigènes, mi-

garonnaises, mi-landaises, chétives et misérables, soumises à
une dépaissance insuffisante et à un abandon qui tenait presque de l'incurie. Enfin sur l'une des îles de notre fleuve, avec
de bonnes mères et dans des conditions passables.

Dans le Cubzadais, l'essai a duré deux ans. Une douzaine de
vaches furent fécondées chaque année. Les produits métissés
et les élèves indigènes ne présentaient, à l'âge de deux ans,
que quelques différences dans la robe. Les Durrham avaient
des taches blanches, sur le fond de la robe bai ou froment.
On les soumit au travail comme leurs contemporains garonnais. Sous l'influence bienfaisante de l'exercice quotidien et
du régime sec, à l'étable, les Garonnais grandissaient, leurs
formes prenaient plus d'harmonie, plus d'ensemble et accu-
saient tous les caractères d'une bonne race d'entretien et de
travail. Les métis, au contraire, languissaient et remplissaient
mal leur tâche.

Cependant l'éleveur qui n'avait eu pour but, dans ce croisement, que de grandir sa race et lui donner un peu plus de
précocité, tout en lui conservant l'aptitude au travail, voulut
s'assurer, si dès le premier jet, le Durrham avait donné à sa
lignée ses qualités spéciales. Il fit soumettre les deux plus beaux
bœufs métis au repos absolu et au régime de l'engraissement :
on essaya de vendre les autres. Mais, comme si l'échec devait
être radical et l'école décisive, non-seulement, on éprouva
beaucoup de difficultés à vendre à des prix inférieurs, les uns
et après six mois de sacrifices alimentaires, on dut se débar-
rasser des autres, avant qu'ils fussent même, en bonne chair.

L'expérience n'était pas ainsi avancée à Carignan et le propriétaire sans y renoncer tout-à-fait, s'est écarté du système
à cause du discrédit que la variété du pelage du métis Durrham
jetait sur eux dans nos marchés. Il emploie dans ce moment à
la saillie de ses vaches garonnaises un métis, ayant 50 p. $^0/_0$ de
sang Durrham.

Les deux ou trois autres tentatives du même genre, connues dans le département, ont été faites et suivies avec aussi peu de constance que celles qui précèdent. Elles ont échoué pour les mêmes causes : l'inconstance des propriétaires et l'absence de règle dans le mélange des deux sangs. Aujourd'hui, ce métissage est déconsidéré dans la Gironde.

Le problème que s'étaient posé les éleveurs, dont nous venons de parler, était complexe. Il s'agissait de donner plus de taille, plus de précocité pour la boucherie à la race indigène, en lui conservant son aptitude pour le travail. Pour arriver à ce résultat, il aurait fallu, d'abord, l'expérience bien acquise des animaux et des conditions dans lesquelles on allait opérer. Il aurait fallu, par avance, fixer la proportion à diminuer dans la faculté de travail (essentielle dans la race indigène), en faveur de la faculté pour l'engrais (essentielle dans le reproducteur). De combien affaiblir la première, de quelle quantité enrichir la seconde? Si le but est dépassé, la race de travail disparaît. S'il n'est pas atteint, la faculté de travail est considérablement atténuée et la faculté pour l'engrais n'existe pas encore. Cette limite, l'échelle inconnue, voilà l'obstacle sérieux à la création des races mixtes par métissage, la cause des erreurs passées et des tâtonnements à venir.

Sans doute, la faculté de travail et d'engrais, comme toutes les grandes spécialités, peut être transmise par le sang, comme la vitesse et la noblesse dans l'espèce chevaline? Mais, ici, l'analogie ne saurait subsister. Dans l'objet qui nous occupe, ce sont des facultés opposées et qui ont une tendance respective à s'exclure, que l'on veut confondre dans de justes proportions afin de les rendre constantes ; dans l'espèce chevaline, ce sont des qualités, qui se procréent mutuellement et s'unissent sans effort. Leur apogée seule est difficile à atteindre.

Quoiqu'il en soit de la race Durrham et de son plus ou moins d'aptitude à faire de nos races garonnaises, de *grandes races à*

deux fins , nous sommes très-disposés à blâmer son emploi.
Peut-être nous nous fesons illusion et sommes-nous dans le
faux , en disant aux éleveurs qui nous consultent, que cette
race est très-exigeante depuis la naissance jusqu'à la mort ; que
nos pacages et les vicissitudes de notre climat lui sont peu
propices ; qu'elle ne s'accommode bien que de la stabulation ;
que sa viande est mal appréciée par notre boucherie ; que l'hygiène des peuples méridionaux pourrait souffrir du régime
d'une viande trop jeune et peu tonique ; que son sang infusé
dans le sang de nos races , produirait dans l'éducation animale une révolution d'autant plus fâcheuse , qu'elle menacerait
notre agriculture dans ses éléments les plus indispensables de
travail.

Nous pouvons nous tromper certainement et prendre le sentiment patriotique pour une conviction économique. C'est donc,
avec beaucoup de réserve que nous nous élevons contre les
encouragements donnés par le Gouvernement, aux croisements
anglais dans nos concours de boucherie pour le Midi. C'est à
eux , que reviennent les écoles fatales de quelques agriculteurs
imprudents. Chacun d'ailleurs , soit au Midi , soit au Nord ,
sacrifie à cette espèce de nécessité qui entraine l'agriculture
vers la production de la viande. On dirait presque en voyant
cette simultanéité d'efforts de tout un pays agricole vers un
but commun , que l'existence de l'homme est menacée dans
l'élément le plus essentiel, à sa vie, à sa santé ! Il n'en est
rien. Si la France beaucoup plus riche relativement que la
Belgique et l'Allemagne (1) achète encore du bétail belge ou
allemand pour sa consommation , c'est qu'il se vend meilleur
marché et qu'elle utilise le sien au profit des surfaces incultes
et indéfrichées , qu'elle possède encore ! La France achète du

_____

(1) Par 1000 habitants , la Belgique possède l'équivalent de 261 têtes
et la France 412.

bétail étranger, parce que la propriété excessivement morce-
lée, n'a pas encore réalisé les perfectionnements agricoles,
qui permettent aux Anglais et aux Belges de renouveler beaucoup plus fréquemment leurs populations bovines, en les ven-
dant dans l'extrême jeune âge. D'ailleurs, les habitudes d'un
peuple ne changent pas en un jour. Le consommateur s'accom-
moderait difficilement en France d'une viande sans âge, comme
l'absorbent nos bons voisins. Que deviendrait alors l'éleveur,
l'industriel, qui après avoir produit ne pourrait vendre ? L'élément le plus vital à l'industrie manquerait ! L'étable s'emploi-
rait en pure perte !

Il faut donc, avant tout, que les aptitudes de la race répon-
dent aux besoins du pays dans lequel et pour lequel on l'élève.
Pour la Gironde, ce sont les aptitudes au travail d'abord ; à
l'engrais, ensuite. Il suffit d'examiner la configuration de notre
département, ses cultures, l'immense quantité de ses terres
incultes ou en friche, leur constitution géologique, pour de-
meurer convaincu de cette vérité. Il suffit de se reporter par
l'observation, aux progrès immenses réalisés depuis quelques
années par les défrichements, aux conquêtes de la culture
dans nos landes, dans nos marais; de chercher à apprécier
les tendances actuelles de nos populations agricoles, de nos
propriétaires, pour juger que l'élève de nos races actuelles sera
pour longtemps dans notre département, une industrie dou-
blement féconde et prospère.

Qu'arriverait-il, si spontanément, sur tous les points du
département, nos éleveurs, cédant à l'entraînement du jour,
aux besoins prétendus de l'époque, transformaient nos races
bovines en races précoces d'engrais? la Gironde posséderait-
t-elle l'élément de substitution, que solliciterait l'insuffisance
de nos races bovines pour le travail? Je laisse de côté la perturbation qu'entraînerait dans les habitudes, dans le person-
nel, dans le matériel de nos fermes, cette réforme tant dési-

rée ? Je cherche si la Gironde posséderait à un jour donné, la richesse hippique, suffisante pour parer aux éventualités de cette révolution. J'affirme que non.

Voyons, à ce sujet, ce qui se passe dans les contrées les plus riches dans l'élève du cheval, depuis Bordeaux jusqu'à la mer ; dans les communes où les écuries et les pacages regorgent de chevaux invendus à la remonte, au commerce, à l'industrie, où par conséquent il serait avantageux et possible de substituer le cheval au bœuf dans les opérations agricoles ; partout, nous voyons le bœuf occuper la plus large part dans l'exploitation du domaine ; partout, nous voyons les éleveurs soigner avec une plus grande sollicitude l'élève du gros bétail et lui demander les principaux services de la culture.

N'est-ce point, parce que le paysan dresse plus vite, conduit avec plus de confiance, l'attelage des bêtes à cornes ; qu'il l'élève à meilleur marché, qu'il le vend à un prix à peu près uniforme quand il a besoin ; qu'à côté de la consommation assurée, il trouve réunies l'utilité, l'économie, la réalisation à toutes les époques de l élevage ? Il n'en serait pas ainsi si tous les éléments de vitalité et de succès n'entouraient l'élève du bœuf dans nos pays. La Gironde ne possède et ne possèdera de longtemps, les chevaux nécessaires à la réforme et à la transformation de nos races bovines de travail, car l'économie bien entendue, la pousse plus puissamment vers l'éducation de ces dernières.

TROISIÈME PARTIE.

────◇◆◇────

CONCLUSION.

───

§ I.er

1.º Nous croyons avoir démontré que la Gironde possède des races bovines précieuses, qui par l'influence des faits agricoles accomplis ou en voie d'exécution, étaient susceptibles d'arriver au dernier degré de l'amélioration et du perfectionnement.

2.º Nous avons signalé la perturbation qu'entraînerait dans l'agriculture du département, la substitution rapide de nos races actuelles, considérées au point de vue du travail, par des races précoces d'engrais et marqué les dangers et les difficultés de leur croisement avec les familles les plus estimées sous ce dernier rapport.

3.º Nous avons, sommairement aussi, soumis l'opinion, que ces races peuvent, partout où leur conformation et leurs aptitudes laissent à désirer, être améliorées par le croisement des plus beaux individus ; en d'autres termes, par la sélection dans la race, l'*in-and-in* des Anglais. Et ce croisement, aidé

par un bon régime , déterminer un grand et rapide perfectionnement.

Mais nous avons toujours supposé l'éleveur dirigé par ses
besoins ou son intérêt, sous l'influence des institutions admi-
nistratives connues ; ne pensant pas , que le Gouvernement ou
l'Administration pût prendre une part plus directe ou plus puissante d'action sur l'élève du bétail.

Quelles mesures nouvelles lui conseiller d'adopter qui puissent déterminer d'une manière plus rapide , plus certaine , la
conservation et le perfectionnement de nos races , sous le double rapport du travail et de l'engraissement ?

Moyens employés. — Les divers Gouvernements qui se sont
succédés en France depuis plus d'un demi-siècle , ont adopté
des mesures d'encouragement qui ont donné une puissante
impulsion aux industries animales : rien n'a été négligé. L'importation des races étrangères , les haras d'expérience , les
concours de boucherie et de reproducteurs ; les primes et les
subventions sous toutes les formes ; les ventes publiques aux
enchères des plus beaux reproducteurs indigènes ou étrangers,
à des prix tout-à-fait inférieurs à la valeur des animaux ; la
publication du résultat des missions dans les pays qui pouvaient nous donner des exemples , par des hommes très-habiles,
tout cela a été fait avec beaucoup de sollicitude et successivement, au fur et à mesure que la prudence l'exigeait et sur la
propre initiative des hommes du pouvoir.

Les administrations départementales ne sont point demeu-
rées indifférentes. Elles ont partout participé aux tendances des
gouvernants à l'égard de nos races animales. La forme la plus
générale des encouragements départementaux a consisté en
distribution de primes, ou achats de taureaux améliorateurs
placés où le besoin se faisait le plus vivement sentir , avec gra-
tuité de saillie.

En examinant avec impartialité tout ce qui est émané de

l'initiative de nos gouvernements et de nos administrations en France depuis le commencement de ce siècle, pour arriver à constituer nos races, à les perfectionner, à encourager et stimuler les industries animales, nous sommes heureux de proclamer, que nulle part, on ne s'est imposé des sacrifices aussi énormes ; on n'a été animé d'un esprit aussi patriotique.

Il est vrai que tous ces sacrifices n'ont pas été toujours très-bien inspirés, et qu'ils ont causé bien des déceptions, bien des mécomptes, bien des ruines. On a, en effet, dans les mesures adoptées dans le but le plus louable, raisonné toujours comme si les races avaient manqué à l'agriculture, quand ce n'était que les fourrages et les pacages qui fesaient défaut. On a voulu chercher la solution de l'état de nos races dans le sang, lorsqu'elle était dans le sol. On ne s'est occupé que de croisements et d'alliances, de multiplication et de perfectionnement, quand il était impérieux de songer à nourrir les animaux existants et à leur procurer une indispensable pâture.

Le système agronomique trop longtemps suivi en France a été on ne peut plus vicieux. Il y a 20 siècles, Caton résumait dans quelques mots devenus célèbres, l'économie du bétail la plus complète et la mieux entendue « *Si benè pascas* ». Les Anglais et les Belges n'ont pas fait autre chose que suivre ce précepte et ils sont arrivés à une richesse agricole considérable. Ils possèdent les $^5/_6$ en pacages et en prairies. Un $^1/_6$ seulement est consacré à la culture des céréales. La France, au contraire, a plus des $^4/_5$ de son territoire agricole consacré aux céréales et moins de $^1/_5$ à la nourriture du bétail.

Vers le milieu du dernier siècle, l'agriculture allemande soumise à l'assolement triennal, le plus exigeant en engrais et le plus épuisant, possédait à peine des prairies et des pacages pour de mauvaises races de travail et ne produisait en seigle ou en épeautre, que des quantités insuffisantes pour nourrir des populations clair-semées. Schubert y introduisit la

culture du trèfle ; l'illustre Thaër y importa l'agriculture an-
glaise et sut en rendre l'esprit et les principes populaires.
Depuis cette époque, l'agriculture germanique a fait d'immenses progrès et produit des richesses énormes. A mesure que
les agriculteurs semaient de l'herbe et des fourrages au détriment du blé, ils récoltaient à la fois plus de foin, plus de
viande, plus de céréales. Les quantités d'engrais augmentant
de jour en jour, on substituait dans des terrains naguère peu
productifs en seigle, des froments qui rendaient 25 et 30 pour
un. L'extension considérable donnée aux prairies artificielles
ajoutait à tous leurs bienfaits, l'économie des façons et de la
main-d'œuvre.

Les mêmes principes ont produit, d'ailleurs toujours, les
mêmes résultats. Plus on possède de terrains consacrés à la
nourriture des bestiaux, plus on fait d'engrais, plus l'agriculture donne des revenus. L'Allemagne, l'Angleterre, la Belgique ont étendu le domaine de leurs prairies, de leurs pacages ; admirablement réglé l'économie de leur bétail. La France
a agrandi et étendu constamment le domaine des labours et
des céréales. Il est vrai qu'au seizième siècle, le blé était pour
la France l'article le plus productif de son commerce, et que
nos greniers approvisionnèrent longtemps toute l'Europe. Cela
peut expliquer les fautes que commirent, les gouvernements
d'alors, en recommandant par des primes, des exemptions,
souvent en employant la contrainte et la force, toute sorte de
défrichements, pour augmenter la culture des céréales. Ainsi,
vers le milieu du dix-huitième siècle, les $^6/_7$ de la propriété en
France étaient convertis en terres de labour et les attelages
nécessaires aux immenses travaux des champs, trouvaient à
peine de quoi être nourris.

Sous l'empire de ces cultures épuisantes, la production des
céréales diminua au point de rendre la France tributaire des
pays, qu'elle approvisionnait naguère.

§ II.

Angleterre. — Belgique. — L'Angleterre qui possédait au dix-septième siècle la même proportion que la France en prairies et pacages par rapport aux surfaces cultivées, en possédait le double au commencement du dix-huitième siècle. Les agriculteurs du Royaume-Uni, préoccupés de l'insuffisance des engrais produits par le système de jachère auquel les condamnaient leur division culturale, augmentèrent les fourrages au détriment du blé. Quand ils eurent doublé la masse de leurs engrais par l'augmentation de leur bétail, ils s'attachèrent à découvrir et à fixer les vrais principes de l'économie de cette matière si précieuse. Au lieu de l'appliquer aux soles épuisantes, ils la firent servir à la multiplication des fourrages qui nourrissaient plus de bétail, produisant à son tour de la viande et des engrais. Ainsi s'est constitué et popularisé, en dehors de l'action administrative, le système agronomique le plus parfait ; celui auquel l'Angleterre doit tous ses succès agricoles et la prospérité de ses industries animales.

La Belgique peut être placée en première ligne pour toutes les branches de l'agriculture. Sa supériorité embrasse non-seulement les procédés de culture du sol et des plantes, mais la production et la tenue des bestiaux, qu'elle exploite comme base fondamentale du revenu du sol.

Pour nous, cette supériorité tient davantage aux conditions géologiques et à la nature du sol, qu'au génie agricole de ses populations.

La partie occidentale de la Belgique consiste en une plaine basse, au-dessous du niveau de la mer, protégée par des digues, qui renferment le terrain le plus riche qui soit au monde. Dans la province d'Anvers, les *Polders* occupent 12,000 hectares. Le reste de la plaine et le plateau central jouissent également d'une très-grande fertilité. La nature particulière du sol, sa position, le climat, le rendent éminemment propre aux herbages. Néanmoins, dans une portion notable de la Belgique, le bétail est secondaire au point de vue du revenu. Les deux Flandres, le Luxembourg, une partie des provinces de Liége et du Limbourg, en font le principal élément de la rente du sol.

La laiterie est l'industrie la plus générale. Le Limbourg fabrique des fromages ; le pays d'Hervé et les deux Flandres, du beurre et des élèves : ces derniers sont vendus jeunes. On élève de préférence les femelles. Les mâles ne sont conservés que dans les provinces où ils sont employés au labourage, dans la province de Namur, dans le Luxembourg et la Campine. Après un an ou deux de travail pour les labours, ils sont vendus pour l'engrais, aux brasseurs ou aux distillateurs. Ce sont les provinces où la race bovine est la moins belle.

Une autre industrie considérable et qui fait des progrès incessants, c'est l'engraissement des veaux. Les bouchers belges ont créé des concours où ils priment les plus beaux et les plus gras. Les contrées aux riches herbages, vendent la plupart de leurs veaux aux localités moins favorisées, qui les leur ramènent à l'âge adulte, à 15 ou 18 mois. Ce mode d'opérer, vicieux pour le développement et l'agrandissement de la race, a son côté avantageux, en ce sens, qu'appliqués à la nourriture des vaches laitières et des animaux adultes d'engrais, les riches herbages donnent de meilleurs revenus, que des bêtes jeunes, qui s'élèvent, tant bien que mal, là où les vaches laitières ne donnaient aucun produit. On a observé aussi, que ces animaux jetés dans leur jeune âge sur des terres pauvres, utilisaient bien mieux à leur retour dans les plantureux herbages, la nourriture qu'ils y absorbaient, que ceux qui y étaient constamment restés.

. On a exalté pour la Belgique comme pour l'Angleterre, avec assez peu de raison, la supériorité de leurs races bovines, comparées à celles de la France. Si plusieurs provinces possèdent des animaux de très-forte branche, dans d'autres, ils sont aussi chétifs que dans les contrées les plus pauvres de la France.

Ainsi, les causes qui ont le plus contribué à la richesse animale de la Belgique, comme à sa supériorité agricole, sont inhérentes au sol, à sa constitution, à sa position géographique et à la protection constante, éclairée, vraiment nationale que le Gouvernement assure à toutes les branches de l'agriculture. On comprend que les industries animales y aient eu peu de besoin du genre de sollicitude que nos administrations leur accordent en France, pour arriver au point où elles sont arrivées. Cependant, dans la Campine et le Luxembourg, il a été importé par les soins du Gouvernement, des taureaux de la race des deux Flandres et des races anglaises, dans un but d'amélioration et de perfectionnement des races indigènes. Ailleurs, les stimulants administratifs devenaient superflus, et à part quelques concours créés par la boucherie, et quelques exhibitions solennelles, la Belgique et l'Angleterre n'ont point les institutions que nous possédons en France, dont le but essentiel est d'encourager le perfectionnement et la multiplication de nos races.

§ III.

Suisse. — Le morcellement de la propriété, qui, maintenu dans certaine limite, a eu pour résultat dans la Suisse, notamment à une époque peu reculée, une augmentation générale de bien-être, produit depuis quelques années un effet contraire ; soit que ce morcellement ait été poussé trop loin, soit qu'il s'appliquât à une contrée où le relief du terrain et le climat offrent de grands obstacles à la culture arable, et où, dèslors, le bétail devient le seul moyen de retirer un revenu du sol.

Dans les circonstances ordinaires, la petite culture favorise l'élève du bétail. En France et en Allemagne, c'est elle qui, proportion gardée, a le plus grand nombre d'animaux, et qui se livre plus spécialement à son éducation. Les bêtes à laine exigent des conditions qui ne se trouvent pas dans la petite propriété. On comprend que par la production des fourrages artificiels, des racines, pour la nourriture à l'étable, la moyenne et petite propriété, puissent tirer un bon profit de la tenue du bétail. Mais lorsque les circonstances physiques font une loi de la nourriture au pâturage éloigné et, qu'en outre, le seul genre de spéculation adoptée, la seule possible, nécessite la réunion d'un grand nombre de bêtes, comme cela a lieu pour la fabrication du fromage de Gruyère, la petite propriété tombe dans une situation fâcheuse. Ainsi, dans quelques cantons, la culture alpestre est la seule possible et constitue presque la totalité du sol en herbages.

Dans quelques autres, on vend la majeure partie des animaux au commencement de l'hiver et on rachète au printemps, pour faire consommer les herbes.

Partout les ressources consacrées à l'élevage et à l'alimentation du bétail, se ressentent du relief et de la nature du sol : la situation topographique du canton de Tessin explique la richesse de sa population animale. Quoique située dans la région montagneuse, elle jouit des eaux abondantes des hautes régions et d'une ravissante exposition au Midi.

Les plaines, les collines et les pâturages du canton de Vaud sont les plus riches de la Suisse.

Le relief et la nature du terrain imposent dans ces montagnes, la nécessité absolue de l'économie du bétail. Longtemps cette industrie fit la fortune de la Suisse. Depuis quelques années, elle semble moins prospère, par suite de la dépréciation de son bétail qui jouissait naguère d'une réputation européenne et par la concurrence faite à ses fromages de Gruyère. Cette décroissance a eu une cause plus puissante encore, c'est l'accession du duché de Baden aux douanes allemandes qui a frappé ses produits de droits élevés, en a empêché l'exportation, pendant que son marché était envahi par ses tributaires d'autrefois. L'appauvrissement de ces contrées, jadis si opulentes, se révèle aujourd'hui par des émigrations nombreuses, par l'abaissement successif du prix des terres et les hypothèques qui les grèvent. Cependant, la terre n'est presque pas imposée; dans certains cantons même elle ne l'est pas du tout.

La dépréciation du bétail suisse par tous les agriculteurs qui s'occupent de l'amélioration des bêtes à cornes, a été déterminée par le progrès de l'agriculture et la connaissance des méthodes d'améliorer les races par elles-mêmes. En France et surtout dans la Gironde, on a fini par s'apercevoir que les races de Berne, de Fribourg, de Schwitz, si belles, étaient, économiquement parlant, de mauvaises races, en ce qu'elles exigeaient beaucoup de soins et une nourriture qui étaient rarement en rapport avec leurs produits. L'exportation a presque cessé et a contribué à arrêter dans ces contrées l'impulsion de l'élève. Aucune mesure administrative n'est venue contrebalancer l'influence que toutes ces causes réunies ont exercé sur l'éducation du bétail et les industries qui s'y rattachent dans toute la Suisse. Nous croyons que la majeure partie de ces cantons a perdu pour toujours la prospérité animale dont elle jouissait au commencement de ce siècle.

§ IV.

France. — Nous avons essayé de déterminer dans les chapitres qui précèdent, les causes qui ont exercé une grande influence sur la richesse animale de la Belgique, de l'Allemagne, de l'Angleterre et autrefois de la Suisse. Partout, c'est plus à l'action du système cultural, aux progrès agricoles, à la nature et à l'exposition du sol, qu'à l'influence administrative, qu'à l'intervention gouvernementale.

En France où les plus beaux éléments existaient après l'administration de Sully, nous les voyons successivement disparaître par l'inauguration enthousiaste d'un système cultural éminemment vicieux et par l'augmentation successive des impôts. Aujourd'hui, tout gémit sous l'impôt : le sol, ses produits, leur consommation, les éléments du travail ; que dirai-je encore ? Pendant que la Suisse était exempte de toute redevance, que la Belgique affranchissait son agriculture, nos gouvernements la pressuraient davantage, et à chaque période, des efforts agricoles du 18.ᵉ et 19.ᵉ siècles, inventaient quelques formes nouvelles d'impôts pour l'appauvrir et la ruiner encore.

Ce peu d'intelligence de nos gouvernements, les lents progrès de notre agriculture, les guerres, les épizooties avaient réduit considérablement notre fortune animale, et elle se trouvait, au commencement de ce siècle, dans un état déplorable. Une heureuse réaction s'est faite : la culture des fourrages artificiels, des racines, s'est propagée rapidement dans toute la France ; on a converti en prairies irriguées la majeure partie des terres qui pouvaient l'être ; on a assolé, suivant les localités ; on a défriché pour les pacages. La multiplication des animaux a suivi ; puis est venue leur amélioration.

Nous serions injustes de ne pas reconnaître aux gouvernements qui ont présidé aux destinées de la France depuis quelques années, les meilleures intentions, pour relever notre agriculture et nos industries animales de l'abaissement où elles languissaient. Nous pourrions leur reprocher avec raison de s'être égarés dans l'emploi des moyens et d'avoir ravi d'une main ce qu'ils avaient donné de l'autre aux pauvres agriculteurs.

Malgré tout, la France s'est relevée ; son agriculture progresse chaque jour ; ses races animales se multiplient et s'améliorent. Elle a peu aujourd'hui à envier à ses voisins, sous ces rapports. Elle est moins, la tributaire besogneuse, que le consommateur intelligent de la Belgique, de l'Allemagne, de l'Angleterre. Le prix du bétail est à peine aussi élevé chez nous que dans tous ces royaumes.

Gironde. — Dans la Gironde, les progrès ont été lents; mais ils sont sensibles. Le bon sens et la raison ont dirigé nos agriculteurs. Ils ont écouté et suivi les conseils qui leur montraient l'accroissement des fourrages comme la base de toute agriculture perfectionnée. Ils ont sagement fait l'épreuve des méthodes les plus simples et les plus rationnelles de l'élevage et de l'amélioration de nos races.

Dans l'état actuel, que convient-il de conseiller à l'administration pour venir en aide au travail de perfectionnement dont elles sont l'objet? L'exemple des peuples voisins, ne nous présente aucun modèle à suivre.

Les encouragements aux éleveurs sont distribués avec largesse. L'expérience des croisements avec les races étrangères, a été faite et est encore l'objet de la sollicitude administrative. Les primes, les concours, les subventions, tout a été prodigué, sinon avec une grande et irréprochable intelligence, du moins avec libéralité.

Ce n'est point des mesures inconnues et sur lesquelles l'expérience n'a pas prononcé, qu'il faut solliciter pour la Gironde auprès du gouvernement ou de l'administration. Assez, assez des écoles ruineuses, des exemples dangereux; assez de temps et d'argent perdus !

Si nous avions des vœux à formuler en faveur de la Gironde, nous demanderions seulement, quelques modifications aux mesures et aux institutions qui fonctionnent déjà.

1.º *Primes du département.* — Les fonds votés par le département pour encouragements à l'espèce bovine, sont insigni-

fiants. Mieux vaudrait les supprimer tout-à-fait. Une somme
de 4000 fr. est tout-à-fait insuffisante pour produire le bien
qu'on attend de sa distribution. Divisée par cantons, ou par
arrondissement, elle est subdivisée en primes très-peu importantes pour les taureaux, pour les vaches suitées, pour les
génisses et les veaux.

Nous voudrions que l'esprit qui préside à ces distributions fût
modifié et qu'on considérât moins le résultat, le produit présenté, que les conditions respectives dans lesquelles les divers
animaux ont été élevés. Ainsi, j'ai toujours vu la prime dispu-
tée, revenant de droit aux plus belles vaches, être emportée
par le propriétaire riche, qui souvent les avait achetées quelque
temps avant le concours, au détriment du petit propriétaire
dont les animaux moins distingués sans doute, réunissaient au
mérite de leur conformation et de leur état, celui d'avoir été
élevés et nourris sur le domaine et par les soins de son maître.

Le mode que je propose de suivre pour apprécier les droits
des candidats dans ces concours, me paraît devoir profiter à
l'amélioration et au perfectionnement de la race, dans toutes
les catégories des éleveurs. Elle me paraît surtout équitable et
d'une facile application.

Nous pourrions citer, plus d'un propriétaire riche, ayant
l'habitude de spéculer sur la disposition vicieuse du concours,
qui n'exige des candidats que la justification de propriété des
animaux, achetant des taureaux ou des vaches, un mois ou
deux avant le concours, dans le but de profiter de la prime,
qui devait revenir de droit à l'éleveur.

Je voudrais qu'à l'arrêté préfectoral qui est publié chaque
année à ce sujet, fût ajouté un article dont la rédaction exclue-
rait du concours tous les animaux qui ne seraient point nés
dans sa circonscription, ou qui ne seraient pas consacrés à la
reproduction, depuis un an au moins, chez le propriétaire qui
les présente.

2.º *Concours départemental.* — Le concours départemental est une création de la Société d'Agriculture. La race bazadaise et la race garonnaise seules, ont droit de concourir aux primes assez importantes qu'on y décerne. Les taureaux figurent pour trois primes dont la plus élevée est de 300 fr. Les vaches suitées ou pleines, pour quatre primes, dont la plus forte est de 200 fr. Les veaux et les génisses, pour une prime chacun.

Nous louons fort la Société de ce concours, antérieur aux concours régionaux institués par le gouvernement, qu'elle fait fonctionner avec beaucoup de zèle et d'amour pour le bien de l'agriculture. Mais qu'elle nous permette ici, de lui soumettre les réflexions que nous a inspiré son organisation.

Par le fait, ce n'est point un concours départemental. Son siége est toujours au chef-lieu; il n'est ordinairement fréquenté que par les propriétaires les plus riches de l'arrondissement de Bordeaux ou des parties des autres arrondissements les plus rapprochées. Le petit cultivateur n'y exhibe jamais ses produits? Les propriétés éloignées n'exposent pas à des déplacements lointains leurs plus beaux et leurs meilleurs élèves, et s'il faut le dire aussi, on redoute tant, dans la classe de nos agriculteurs ignorants, la justice qui préside aux arrêts rendus sur les lieux où doivent régner les influences de parenté, de relations, de camaraderie, qu'ils n'y présenteront jamais leurs animaux. Nous pensons que ce concours atteindrait plus sûrement le but de la Société, s'il avait lieu alternativement dans un des arrondissements et pour les races ou animaux qui y sont nés et élevés. Nous croyons également que l'esprit qui préside aux choix des meilleurs animaux, devrait s'inspirer des conditions différentes, de fortune, de localité, de race, dans lesquelles se trouveront les propriétaires des sujets présentés.

3.º *Concours régional.* — Le concours régional, dans la circonscription duquel Bordeaux se trouve placé, a eu lieu pendant deux ans à Toulouse. Nous avons le droit de nous plaindre de cette faveur, avec d'autant plus de raison, que nos propriétaires redoutent toute sorte de déplacement pour leurs animaux. Le concours régional doit avoir lieu successivement au chef-lieu de tous les départements qui sont appelés à y concourir : Bordeaux ne saurait être évincé de son droit.

La pensée de ce concours est très-bonne ; elle sera féconde. Le jour où nos races françaises, après avoir été exposées pendant quelques années sur tous les points où cette institution doit fonctionner, seront bien connues et pourront être sûrement appréciées, nos éleveurs n'auront plus besoin de tâtonner dans le choix de leurs reproducteurs et de leurs races. Ils ne marcheront plus en aveugles dans l'économie et le perfectionnement de leurs bestiaux.

Mais nous redoutons que la mesure, si bien inspirée d'ailleurs, qui a supprimé l'Institut agronomique de Versailles, ne se complète par la suppression des concours régionaux et du concours central. Nous croyons de notre devoir d'exprimer ici nos craintes à ce sujet ; de demander avec les plus grandes instances que les concours régionaux soient maintenus ; qu'ils soient tenus successivement et qu'un concours central de reproducteurs ait lieu à tour de rôle, dans des principaux points de production du Nord et du Midi.

4.º *Concours de Boucherie.* — Ce concours, comme les précédents, est subventionné par le gouvernement. Tout le monde sait apprécier à sa juste valeur l'importance de son institution.

Nous voudrions voir modifier cependant, pour ce qui concerne celui tenu à Bordeaux, une catégorie de primes très-importantes pour les races étrangères à nos régions. Ainsi, pour les bœufs de 4 ans, au lieu des mots qui se trouvent dans l'arrêté ministériel toutes les années : « Quels que soient leurs » poids ou leurs races, » nous voudrions voir remplacer « leurs » races » par *appartenant aux races de la circonscription.*

Les motifs qui nous suggèrent ces réflexions touchent plus à l'économie rurale, qu'à l'esprit de clocher ou à des préventions sans portée. Il est évident que les races étrangères d'engrais, encouragées par les primes de nos concours régionaux, peuvent s'y produire et distancer toutes nos races ; que la lutte, dans nos contrées surtout, où l'engraissement est encore une industrie exceptionnelle ; où nos races sont douées, à un degré plus ou moins élevé de la faculté du travail sur l'aptitude à l'engrais ; que la lutte, dis-je, si elle est possible, ne sera point douteuse.

Quelle sera la conséquence, après tout, de cette protection accordée dans notre région à la race Durrham ? Nos agriculteurs se livreront de nouveau avec elle au perfectionnement de nos races au point de vue de la précocité ; ils feront de nouvelles écoles et nous, nous constaterons peut-être, un jour, de nouveaux insuccès.

Je sollicite ici, très-vivement, l'influence du corps savant qui porte tant d'intérêt aux richesses animales du pays, pour qu'après avoir examiné la question que j'ai soulevée, elle appuie ma réclamation auprès des inspecteurs et au besoin, auprès du Ministre de l'Agriculture.

N'est-ce point étrange d'offrir ainsi droit d'asile, à une race qui ne peut être aujourd'hui profitable à l'agriculture du Midi, de notre région ; qui ne peut qu'altérer la pureté de nos races et les belles facultés qu'elle possède. Et qu'est-il besoin d'ailleurs, d'emprunter de sa faculté d'engraissement à cette race tant vantée ? Est-ce que dans les concours de Bordeaux, la Durrham et ses métis, n'ont pas été vaincues par les races garonnaises, saintongeaises et agenaises ?

Nous croyons qu'il importe essentiellement, aux résultats immenses, préparés par les concours de boucherie dans l'amélioration et la multiplication de nos races méridionales, que la disposition qui concerne les races étrangères, soit supprimée.

MESURES GÉNÉRALES.

Nous croyons utile de signaler dans les dispositions des arrêtés qui fixent la distribution des primes, les inconvénients qui résultent de l'âge auquel on admet les animaux reproducteurs à concourir. Les taureaux sont admis de 18 mois à 4 ans. Les vaches de 3 à 8 ans. Pour les taureaux, cette latitude me paraît mauvaise. Il est rare qu'un taureau ne soit pas taillé ou bistourné après quatre ans. Il arrive donc très-souvent qu'une prime fort importante est donnée à un reproducteur qui ne rendra plus aucun service à ce titre. D'un autre côté, si l'obligation de garder ce taureau un an encore est observée, il donnera certainement à sa génération, les vices de caractère qu'il possède à cet âge, ou vous exposerez le propriétaire à qui il appartient, aux dangers de le garder plus longtemps. Nous demanderions, par conséquent, que les taureaux ne fussent admis dans aucun concours, passé l'âge de 3 ans.

Nous demanderions encore que tous les taureaux de 18 mois présentés, fussent évincés des concours, s'il pouvait être prouvé qu'ils ont été livrés à la monte avant l'âge d'un an révolu.

Pour les vaches, nous voyons un grave inconvénient à prolonger jusqu'à 8 ans, la faculté de prendre part au concours. Il peut arriver, en effet, que les mêmes vaches, obtiennent les premiers prix depuis l'âge de 3 ans jusquà 8 ans. Puis, l'âge de 8 ans, me paraît être l'âge où les vaches ne sont plus aptes qu'au service de l'engraissement. Nous demandons qu'elles ne soient admises que jusqu'à 6 ans.

Nous demandons aussi qu'elles soient suitées et pleines. Cette condition qu'il est très-facile de remplir, doit rendre aux éleveurs, le service de les déterminer à tirer le plus grand parti possible de leurs vaches et exercer une action efficace sur la multiplication des produits. On pourrait cependant, laisser au Jury la tolérance nécessaire pour ôter à cette mesure, ce qu'elle pourrait présenter d'inconvénient vis-à-vis des propriétaires, qui se servent exclusivement d'attelages de vaches pour les travaux agricoles.

Enfin et comme dernière modification, je demanderai que l'on ne primât nulle part dans le département les attelages de bœufs. Nous ne voyons pas la nécessité d'un encouragement pour cette catégorie. Nos concours de boucherie les encouragent depuis l'âge de 4 ans. Le propriétaire d'ailleurs a moins d'intérêt à élever des bœufs de travail jusqu'à 3 ou 4 ans, que jusqu'à 18 mois ou deux ans; ou plutôt, que d'élever des vaches qui poussent à la multiplication. Laissez le propriétaire libre d'apprécier de quel côté se trouve l'avantage pour lui, mais ne l'engagez pas surtout dans une voie qui n'est ni le perfectionnement économique ni le succès agricole.

BORDEAUX. — IMPRIMERIE DE TH. LAFARGUE.

www.ingramcontent.com/pod-product-compliance
Lightning Source LLC
Chambersburg PA
CBHW071244200326
41521CB00009B/1618